建筑设计与发展趋势研究

张祥 彭耘 著

北方文艺出版社

哈尔滨

图书在版编目(CIP)数据

建筑设计与发展趋势研究 / 张祥, 彭耘著 . –– 哈尔
滨 : 北方文艺出版社, 2024.5
ISBN 978-7-5317-6250-8

Ⅰ.①建… Ⅱ.①张… ②彭… Ⅲ.①建筑设计 – 研
究 Ⅳ.①TU2

中国国家版本馆CIP数据核字(2024)第105915号

建筑设计与发展趋势研究
JIANZHU SHEJI YU FAZHAN QUSHI YANJIU

作 者 / 张 祥 彭 耘			
责任编辑 / 李正刚		封面设计 / 左图右书	
出版发行 / 北方文艺出版社		邮 编 / 150008	
发行电话 / (0451)86825533		经 销 / 新华书店	
地 址 / 哈尔滨市南岗区宣庆小区1号楼		网 址 / www.bfwy.com	
印 刷 / 廊坊市海涛印刷有限公司		开 本 / 787mm×1092mm 1/16	
字 数 / 200千		印 张 / 14.5	
版 次 / 2024年5月第1版		印 次 / 2024年5月第1次印刷	
书 号 / ISBN 978-7-5317-6250-8		定 价 / 50.00元	

前　言

　　设计策略贯穿设计全过程。它是分析设计条件、梳理设计问题、提出设计方向、指导设计实践的重要内容,在很大程度上决定着设计产出的成果。然而,在现有建筑设计理论框架中,针对设计策略概念的研究略显薄弱。已有研究中,重点主要集中在对单一策略或者单一类型建筑的设计策略研究,并未形成以设计策略为主体的设计理论内容。本书在理论研究、分析比较、归纳总结的基础下,初步建立起设计策略的理论框架。

　　建筑业的发展是一个矛盾的过程。一方面,建筑业耗费了大量的人力,消耗了全世界大部分的资源,另一方面,建筑业生产的"产品"与人类的生活质量又息息相关,人们对当前的居住环境要求越来越高,想要改进建筑环境的舒适度以及提高建筑的安全性,建筑业得以不断发展。本书探讨了BIM技术与绿色建筑及消防疏散软件联合的具体应用,课题的研究结论对同类型的高层建筑的全生命周期的绿色建筑设计及安全运行具有一定的参考价值及借鉴意义。

　　建筑物舒适度通常是通过对建筑环境进行模拟、评价、分析然后做出判断。结合BIM模型,利用绿色建筑系列软件对建筑的室外风、室外声、室内风、天然采光、背景噪声、构建隔声进行模拟分析并根据最新发布的绿色建筑评价标准对各项进行评分与改进。最终通过未达标项对模型进行修改,以满足控制项与评分项要求,提高评分从而提高建筑舒适度等级。

　　而关于很多涉及未来建筑的问题,要想得到有效的统一答案是困难的。拆除新建和翻修重建之间的对抗就是一个关键的例子。

在这个背景下,资源的探索开发和建材回收的作用将变得显著。一般来说,只有对所有影响因素作出谨慎、针对性的分析才能得出较优的解决策略。未来的挑战需要建筑师与工程师共同转换意识。为了建造适应未来的建筑,建筑和科技被看成是一体的系统,因此各专业的参与者有必要从规划一开始就共同协作。

目　录

第一章 建筑设计基础概述

第一节 建筑与建筑设计

一、建筑与建筑设计

建筑既表示建筑工程的建造活动,同时又表示这种活动的成果——建筑物。建筑是建筑物与构筑物的统称。建筑物指供人们在其中生产、生活或从事其他活动的房屋或场所,如住宅、医院、学校、体育馆和影剧院等,构筑物则是指人们不能直接在其内生产、生活的建筑,如水塔、烟囱、桥梁和堤坝等。无论是建筑物还是构筑物,都是为了满足一定功能,运用一定材料和技术手段,依据科学规律和美学原则而建造的相对稳定的人造空间。

室内设计是根据建筑内部空间的既定条件和功能需求,对空间和界面,进行编排、组织和再造,使之形成既反映历史文脉、建筑风格和环境气氛,又安全、卫生、舒适、实用的内部环境。室内设计是建筑设计的组成部分,是建筑设计的继续、深化和发展。不能正确地认识和全面地理解建筑,进行室内设计是不可想象的。

(一)正确理解建筑

1.建筑的目的

在远古时代,人类依附于自然的采集经济生活,无固定的住所,为了避风雨、御寒暑、防兽害,栖身于洞穴和山林。之后,人类在与自然作斗争的过程中,逐渐形成了劳动的分工,狩猎、农业、手工业相继分离,生产和生活活动相对比较稳定,因此,出现了固定的居民点。与此同时,人们根据自己长期的生活经验,开始用简单的工具和土石草木等天然材料营造地面建筑,作为生产和生活的活动场所。这样,就形成了原始建筑和人类最早的建筑活动。

随着社会的发展、生产技术的进步,新的生产和生活领域不断开拓,人类的生活内容日益丰富,人们不仅从事日常的生产劳动和生活居住活动,还从事政治经济、商品贸易、文化娱乐、宗教宣传等社会公共活动,而这些活动都要求有相应的建筑作为活动的场所。因此,各类建筑如厂房、商店、银行、办公楼、学校、车站、码头等相继出现。建筑事业的发展,不仅满足了当时人们生产和生活的需要,而且又强有力地推动了社会的进步。在科技高度发达的当今社会,建筑不仅使人们的生活环境日益改善,而且为社会的政治、经济、文化的发展提供了物质基础。因此,建筑在社会的发展中起着越来越重要的作用。

从上面简略的叙述中可以看出,建筑的产生和发展是为了适应社会的需要,建筑的目的是为人们提供一个良好的生产和生活的场所。那么,建筑是以什么方式来实现其目的的呢?

人们进行任何一种活动,都需要有一定的空间。马克思曾经说过:"空间是一切生产和一切人类活动所需要的要素。"没有空间,人类的活动就无法进行,或者说只能在不完善的境况下进行。譬如,没有住宅,人们就不能休养生息;没有教室,就无法有效地进行教学活动;没有厂房,就难以完成高水平的工业生产活动……因此,建筑要实现自己的目的,其先决条件是必须具有"空间"。

当然,这里所说的"空间"是有别于一般自然空间的。首先,在空间形态上,必须满足人们进行活动时对空间环境提出的使用要求和审美要求。其次,在空间围隔技术上,必须达到坚固、实用、安全、舒适的要求。这种按照人们的需要,经过精心组织的人为空间,通常称之为"建筑空间"。

因此,人类营造建筑,其主要任务是获取具有使用价值和审美价值的建筑空间,而建筑实体——各种建筑构件,如墙壁、屋顶、楼板、门窗等,只是构成空间的手段。我国古代思想家老子曾经说过:"埏埴以为器,当其无,有器之用,凿户牖以为室,当其无,有室之用……",其用意就在于强调空间的使用意义。[①]

由于人类生活活动的内容和规模不断更新和扩大,其活动范围不仅局限于建筑内部,而且延伸到建筑外部。建筑之间的庭院、广场、街道、公园绿地等,都是人们不可缺少的活动空间,都必须按照人的使用要求和审美要求加以组织,为人们创造一个优美的生活空间环境。从这一层意义来

---

①张广媚.建筑设计基础[M].天津:天津科学技术出版社,2018.

说,"建筑"应该有更为广泛的含义,它既包括单体建筑,又包括群体建筑、庭院、广场、街道,以至整个城市和乡村,都应该属于"建筑"的范畴。

2.建筑的基本构成要素

建筑既表示建造房屋和从事其他土木工程的活动,又表示这种活动的成果——建筑物,也是某个时期、某种风格建筑物及其所体现的技术和艺术的总称,如隋唐五代建筑、明清建筑、现代建筑等。

从建筑发展的历史来看,由于时代、地域、民族的不同,建筑的形式和风格总是异彩纷呈。然而,从构成建筑的基本内容来看,不论是简陋的原始建筑,还是现代化的摩天大楼,都离不开建筑功能、建筑的物质技术条件、建筑形象这三个基本要素。

(1)建筑功能

建筑功能就是人们对建筑提出的具体使用要求。一幢建筑是否适用,就是指它能否满足一定的建筑功能要求。

对于各种不同类型的建筑,建筑功能既有个性又有共性。建筑功能的个性,表现为建筑的不同性格特征;而建筑功能的共性,就是各类建筑需要共同满足的基本功能要求(如人体生理条件、人体活动尺度等对建筑的要求)。

对待建筑功能,需要有发展的观念。随着社会生产和生活的发展,人们必然会对建筑提出新的功能要求,从而促进新型建筑的产生。因此,可以说建筑功能也是推动建筑发展的一个主导因素。

(2)建筑的物质技术条件

建筑物质技术条件包括材料、结构、设备和施工技术等方面的内容,它是构成建筑空间、保证空间环境质量、实现建筑功能要求的基本手段。

科学技术的进步,各种新材料、新设备、新结构和新工艺的相继出现,为新的建筑功能的实现和新的建筑空间形式的创造提供了技术上的可能。近代大跨度建筑和超高层建筑的发展就是建筑物质技术条件推动建筑发展的有力例证。

(3)建筑形象

建筑形象是根据建筑功能的要求,通过体量的组合和物质技术条件的运用而形成的建筑内外观感。空间组合、立面构图、细部装饰、材料色彩和质感的运用等,都是构成建筑形象的要素。在建筑设计中创造具有一定艺术效果的建筑形象,不仅在视觉上给人以美的享受,而且在精神上具有强烈的感染力,并使人产生愉悦的心情。因此,建筑形象既反映了建筑的内容,又体现了人们的生活和时代对建筑提出的要求。

在建筑三要素中,功能是建筑的主要目的,物质技术条件是实现建筑目的的手段,而建筑形象则是功能、技术、艺术的综合表现。建筑三要素之间的关系表现为:功能居于主导地位,对建筑技术和形象起决定作用;物质技术条件对建筑功能和形象具有一定的促进作用和制约作用;建筑形象虽然是建筑技术条件和功能的反映,但也具有一定的灵活性,在同样的条件下,往往可以创造出不同的建筑形象,取得迥然不同的艺术效果。

与建筑三要素相关的是建筑中适用、经济、美观之间的关系问题。适用是首位的,既不能片面地强调经济而忽视适用,也不能强调适用而不顾经济上的可能。所谓经济,不仅是指建筑造价,而且还要考虑经常性的维护费用和一定时期内投资回收的综合经济效益,至于美观也是衡量建筑质量的标准之一,不仅表现在单体建筑中,而且还应该体现在整体环境的审美效果之中。正确处理这三者之间的关系,就要在建筑设计中既反对盲目追求高标准,又反对片面降低质量、建筑形象千篇一律、缺乏创新的不良倾向。

3.建筑的性质和特点

从建筑的形成和发展过程中,可以看出建筑有如下的性质和特点:

(1)建筑要受自然条件的制约

建筑是人类与自然斗争的产物,它的形成和发展无不受到自然条件的制约,在建筑布局、形式、结构、材料等方面都受到重大影响。在技术尚不发达的时代,人们就懂得利用当地条件,因地制宜地创造出合理的建筑形式,如寒冷地区建筑厚重封闭,炎热地区建筑轻巧通透,在温暖多雨地区,常使建筑底层架空(干阑式建筑),在黄土高原多筑生土窑洞,山区建筑则采用块石结构,等等,从而使建筑能适应当地人们的需要,其建筑风貌呈现出强烈的地方特色。在科技发达的近代,虽然可以采用机械设备和人工材料来克服自然条件对建筑的种种限制,但是协调人—建筑—自然之间的关系,尽量利用自然条件的有利方面,避开不利方面,仍然是建筑创作的重要原则。

（2）建筑的发展离不开社会

建筑,作为一项物质产品,和社会有着密切的关系。这主要体现在两个方面:

首先,建筑的目的是为人类提供良好的生活空间环境。建筑的服务对象是社会中的人,也就是说,建筑要满足人们提出的物质的和精神的双重功能要求。因此,人们的经济基础、思想意识、文化传统、风俗习惯、审美观念等无不影响着建筑。

其次,人类进行建筑活动的基础是物质技术条件。各个时代的建筑形式、建筑风格之所以大相径庭,就是由于当时的科学技术水平、经济水平、物质条件等社会因素造成的。

因此,建筑的发展绝对离不开社会,可以说,建筑是社会物质文明和精神文明的集中体现。

（3）建筑是技术与艺术的结合

建筑是一种特殊的物质产品,它不但体量庞大、耗资巨大,而且一经建成,就立地生根,成为人们劳动、生活的经常活动场所。人们对自己生活的环境总是希望能得到美的享受和艺术的感染力。因此,建筑的审美价值就成为其本质属性之一。

建筑若要具有一定的审美价值,建筑创作就须遵循美学法则,进行一定的艺术加工。但建筑又不同于其他艺术,建筑艺术不能脱离空间的实用性,也不能超越技术上的可行性和经济上的合理性,建筑艺术性总是寓于建筑技术性之中。建筑所具有的这种双重属性——技术与艺术的结合,是建筑区别于其他工程技术的一个重要特征。

（二）设计工作

1.设计工作在基本建设中的作用

一项建筑工程,从拟订计划到建成使用,通常需要经历计划审批、基地选定、征用土地、勘测设计、施工安装、竣工验收、交付使用等步骤。这就是一般所说的"基本建设程序"。

由于建筑涉及功能技术和艺术,同时又具有工程复杂、工种多、材料和劳力消耗量大、工期长等特点,在建设过程中需要多方面协调配合。因此,建筑物在建造之前,按照建设任务的要求,对在施工过程中和建成后的使用过程中可能发生的矛盾和问题,事先做好通盘的考虑,拟定出切实可行的实施方案,并用图纸和文件将它表达出来,作为施工的依据,这是一项十分重要的工作。这一工作过程通常称为"建筑工程设计"。

一项经过周密考虑的设计,不仅为施工过程中备料和工种配合提供依据,而且可使工程在建成之后显示出良好的经济效益、环境效益和社会效益。因此,可以说"设计是工程的灵魂"。

2.建筑工程设计的内容与专业分工

在科技日益发达的今天,建筑所包含的内容日益复杂,与建筑相关的学科也越来越多。一项建筑工程的设计工作常常涉及建筑、结构、给水、排水、暖气、通风、电气、煤气、消防、自动控制等学科。因此,一项建筑工程设计需要多工种分工协作才能完成。

目前,我国的建筑工程设计通常由建筑设计、结构设计、设备设计三个专业工种组成。

3.建筑设计的任务

建筑设计作为整个建筑工程设计的组成之一,它的任务是:①合理安排建筑内部各种使用功能和使用空间;②协调建筑与周围环境、各种外部条件的关系;③解决建筑内外空间的造型问题;④采取合理的技术措施,选择适用的建筑材料;⑤综合协调与各种设备相关的技术问题。

建筑设计要全面考虑环境、功能、技术、艺术方面的问题,可以说是建筑工程的战略决策,是其他工种设计的基础。要做好建筑设计,除了遵循建筑工程本身的规律外,还必须认真贯彻国家的方针、政策。只有这样,才能使所设计的建筑物达到适用、经济、坚固、美观的最终目的。

二、建筑设计的内容和过程

(一)建筑设计的阶段划分与内容

由于建造房屋是一个较为复杂的物质生产过程,影响房屋设计和建造的因素又很多,因此必须在施工前有一个完整的设计方案,综合考虑多种因素,编制出一整套设计施工图纸和文件。实践证明,遵循必要的设计程序,充分做好设计前的准备工作,划分必要的设计阶段,对提高建筑物的质量,多快好省地设计和建筑房屋是极为重要的。

房屋的设计,一般包括建筑设计、结构设计和设备设计等几部分,它们之间既有分工,又相互密切配合。由于建筑设计是建筑功能、工程技术和建筑艺术的综合,因此它必须综合考虑建筑、结构、设备等工种的要求,以及这些工程的相互联系和制约。设计人员必须贯彻执行建筑方针和政策,正确掌握建筑标准,重视调查研究和群众路线的工作方法。建筑设计还和城市建设、建筑施工、材料供应以及环境保护等部门的关系极为密切。

建筑设计一般分为初步设计和施工图设计两个阶段,对于大型的、比较复杂的工程,也有采用三个设计阶段,即在两个设计阶段之间还有一个技术设计阶段,用来深入解决各工种之间的协调等技术问题。

(二)建筑设计的过程及成果

建筑设计过程也就是学习和贯彻方针政策,不断进行调查研究,合理解决建筑物的功能、技术、经济和美观问题的过程。

现将设计过程和各个设计阶段的具体工作及各阶段的工作成果分述如下:

1.设计前的准备工作

(1)熟悉设计任务书

具体着手设计前,首先需要熟悉设计任务书以明确建设项目的设计要求。设计任务书的内容有:①建设项目总的要求和建造目的的说明;②建筑物的具体使用要求、建筑面积以及各类用途房间之间的面积分配;③建设项目的总投资和单方造价,并说明土建费用、房屋设备费用以及道路等室外设施费用情况;④建设基地范围、大小,周围原有建筑、道路、地段环境的描述,并附有地形测量图;⑤供电、供水和采暖、空调等设备方面的要求,并附有水源、电源接用许可文件;⑥设计期限和项目的建设进程要求。

设计人员应对照有关定额指标,校核任务书中单方造价、房间使用面积等内容。在设计过程中必须严格掌握建筑标准、用地范围、面积指标等有关限额。如果需要对任务书的内容做出补充或修改,须征得建设单位的同意;涉及用地、造价、使用面积的,还须经城建部门或主管部门批准。

(2)收集必要的设计原始数据

通常建设单位提出的设计任务,主要是从使用要求、建设规模、造价和建设进度方面考虑。房屋的设计和建造还需要收集下列有关原始数据和设计资料:

①气象资料:所在地区的温度、湿度、日照、雨雪、风向和风速,以及冻土深度等。

②基地地形及地质水文资料：基地地形标高，土壤种类及承载力，地下水位以及地震烈度等。

③水电等设备管线资料：基地地下水的给水、排水、电缆等管线布置以及基地上的架空线等供电线路情况。

④与设计项目有关的定额指标：如住宅的每户面积或每人面积定额，学校教室的面积定额以及建筑用地、用材等指标。

（3）设计前的调查研究。设计前调查研究的主要内容有：

①建筑物的使用要求：深入访问使用单位中有实践经验的人员，认真调查同类已建房屋的实际使用情况，通过分析和总结，对所设计房屋的使用要求做到"胸中有数"。

②建筑材料供应和结构施工等技术条件：了解设计房屋所在地区建筑材料供应的品种、规格、价格等情况，预制混凝土制品以及门窗的种类和规格，新型建筑材料的性能、价格以及采用的可能性。结合房屋使用要求和建筑空间组合的特点，了解并分析不同结构方案的选型、当地施工技术和起重、运输等设备条件。

③基地踏勘：根据城建部门所划定的设计房屋基地的图纸进行现场踏勘，深入了解基地和周围环境的现状及历史沿革，核对已有资料与基地现状是否符合，如有出入给予补充或修正。从基地的地形、方位、面积和形状等条件以及基地周围原有建筑、道路、绿化等多方面的因素，考虑拟建建筑物的位置和总平面布局的可能性。

④当地传统建筑经验和生活习惯：传统建筑中有许多结合当地地理、气候条件的设计布局和创作经验，根据拟建建筑物的具体情况，可以"取其精华"，以资借鉴。

（4）学习有关方针政策以及同类型设计的文字、图纸资料。在设计准备过程以及各个阶段中，设计人员都需要认真学习并贯彻有关建设方针和政策，同时也需要学习并分析有关设计项目的国内外图纸、文字资料等设计经验。

2.初步设计阶段

初步设计是建筑设计的第一阶段，它的主要任务是提出设计方案，即在已定的基地范围内，按照设计任务书所拟的房屋使用要求，综合考虑技术经济条件和建筑艺术方面的要求，提出设计方案。

初步设计的内容包括确定建筑物的组合方式,选定所用建筑材料和结构方案,确定建筑物在基地的位置,说明设计意图,分析设计方案在技术、经济上的合理性,并提出概算书。初步设计的图纸和设计文件有:

①建筑总平面图:其内容包括建筑物在基地上的位置、标高、道路、绿化以及基地上设施的布置和说明等,比例尺一般采用1:500、1:1000、1:2000。

②各层平面及主要剖面、立面图:这些图纸应标出建筑的主要尺寸,房间的面积、高度以及门窗位置,部分室内家具和设备的布置等,比例尺一般采用1:500～1:200。

③说明书:应对设计方案的主要意图、主要结构方案及构造特点,以及主要技术经济指标等进行说明。

④建筑概算书。

⑤根据设计任务的需要,可能辅以建筑透视图或建筑模型。

建筑初步设计有时需要提供几个方案,送甲方及有关部门审议、比较后确定设计方案,这一方案批准下达后,便是下一阶段设计的依据文件。

3.技术设计阶段

技术设计是三阶段建筑设计时的中间阶段,它的主要任务是在初步设计的基础上,进一步确定房屋建筑设计各工种之间的技术协调原则。

4.施工图设计阶段

施工图设计是建筑设计的最后阶段。它的主要任务是按照实际施工要求,在初步设计或技术设计的基础上,综合建筑、结构、设备各工种,相互交底核实,深入了解材料供应、施工技术、设备等条件,把满足工程施工的各项具体要求反映在图纸中,做到整套图纸齐全统一,明确无误。

施工图设计的内容包括:确定全部工程尺寸和用料,绘制建筑、结构、设备等全部施工图纸,编制工程说明书、结构计算书和预算书。

施工图设计的图纸及设计文件有:

(1)建筑总平面

比例尺一般采用1:500,建筑基地范围较大时也可采用1:1000;当采用1:2000时,应详细标明基地上建筑物、道路、设施等所在位置的尺寸、标高,并附说明。

（2）各层建筑平面、各个立面及必要的剖面

比例尺一般采用1∶100、1∶200。

（3）建筑构造节点详图

主要为檐口、墙身和各构件的连接点，楼梯、门窗以及各部分的装饰大样等，根据需要可采用1∶1、1∶5、1∶10、1∶20等比例。

（4）各工种相应配套的施工图

如基础平面图和基础详图、楼板及屋面平面图和详图，结构施工图，给排水、电器照明以及暖气或空气调节等设备施工图。

（5）建筑、结构及设备等的说明书

（6）结构及设备的计算书

（7）工程预算书

第二节 建筑设计的一般要求和依据

一、建筑标准化

建筑标准化是建筑工业化的组成部分之一，是装配式建筑的前提。建筑标准化一般包括以下两项内容：其一是建筑设计方面的有关条例，如建筑法规、建筑设计规范、建筑标准定额与技术经济指标等；其二是推广标准设计，包括构配件的标准设计、房屋的标准设计和工业化建筑体系设计等。

（一）标准构件与标准配件

标准构件是房屋的受力构件，如楼板、梁、楼梯等；标准配件是房屋的非受力构件，如门窗、装修做法等。标准构件与标准配件一般由国家或地方设计部门进行编制，供设计人员选用，同时也为加工生产单位提供依据。标准构件一般用"G"来表示；标准配件一般用"J"来表示。

（二）标准设计

标准设计包括整个房屋的设计和标准单元的设计两个部分。标准设计一般由地方设计院进行编制，供建筑单位选择使用。整个房屋的标准设

计一般只进行地上部分,地下部分的基础与地下室由设计单位根据当地的地质勘探资料另行出图。标准单元设计一般指平面图的一个组成部分,应用时一般进行拼接,形成一个完整的建筑组合体。标准设计在大量性建造的房屋中应用比较普遍,如住宅等。

(三)工业化建筑体系

为了适应建筑工业化的要求,除考虑将房屋的构配件及水电设备等进行定型外,还应对构件的生产、运输、施工现场吊装以及组织管理等一系列问题进行通盘设计,做出统一规划,这就是工业化建筑体系。

工业化建筑体系又分为两种做法:

1.通用建筑体系

通用建筑体系以构配件定型为主,各体系之间的构件可以互换,灵活性比较突出。

2.专用建筑体系

专用建筑体系以房屋定型为主,构配件不能进行互换。

二、建筑模数协调统一标准

为了实现设计的标准化,必须使不同的建筑物及各部分之间的尺寸统一协调。为此,我国在1973年颁布了《建筑统一模数制》(GBJ 2-73);1986年对上述规范进行了修订、补充,更名为《建筑模数协调统一标准》(GBJ 2-86);现已被《建筑模数协调标准》(GB/T50002-2013)替代,并将此作为设计、施工、构件制作、科研的尺寸依据。

(一)模数制

1.基本模数

基本模数是建筑模数协调统一标准中的基本数值,用 M 表示,1M=100mm。

2.扩大模数

扩大模数是导出模数的一种,其数值为基本模数的整数倍数。为了减少类型、统一规格,扩大模数按3M(300mm),6M(600mm),12M(1200mm),15M(1500mm),30M(3000mm),60M(6000mm)进行扩大,共6种。

3.分模数

分模数是导出模数的另一种,其数值为基本模数的分数值。为了满足细小尺寸的需要,分模数按 1/2M（50mm）,1/5M（20mm）和 1/10M（10mm）取用。

（二）三种尺寸

为了保证设计、构件生产、建筑制品等有关尺寸的统一与协调,必须明确标志尺寸、构造尺寸和实际尺寸的定义及其相互间的关系。

1.标志尺寸

标志尺寸用以标注建筑物定位轴线之间的距离（如跨度、柱距、进深、开间、层高等）,以及建筑制品、构配件、有关设备界限之间的尺寸。标志尺寸应符合模数数列的规定。

2.构造尺寸

构造尺寸是建筑制品、构配件等生产的设计尺寸。该尺寸与标志尺寸有一定的差额。相邻两个构配件的尺寸差额之和就是缝隙。构造尺寸加上缝隙尺寸等于标志尺寸。缝隙尺寸也应符合模数数列的规定。

3.实际尺寸

实际尺寸是建筑制品、构配件等的生产实有尺寸,这一尺寸因生产误差造成与设计的构造尺寸间有差值。不同尺度和精度要求的制品与构配件均各有其允许差值。

三、建筑设计的原则和要求

（一）满足建筑功能要求

满足建筑物的功能要求,为人们的生产和生活活动创造良好的环境,是建筑设计的首要任务。例如,设计学校,首先要考虑满足教学活动的需要,教室设置应分班合理,采光通风良好,同时还要合理安排备课、办公、贮藏和厕所等行政管理和辅助用房,并配置良好的体育场和室外活动场地等。

（二）采用合理的技术措施

正确选用建筑材料,根据建筑空间组合的特点,选择合理的结构、施工方案,使房屋坚固耐久、建造方便。例如,近年来,我国设计建造的一些覆盖面积较大的体育馆,由于屋顶采用钢网架空间结构和整体提升的施工方法,既节省了建筑物的用钢量,也缩短了施工期限。

（三）具有良好的经济效果

建造房屋是一个复杂的物质生产过程，需要大量人力、物力和资金，在房屋的设计和建造中，要因地制宜、就地取材，尽量做到节省劳动力，节约建筑材料和资金。设计和建筑房屋要有周密的计划和核算，重视经济领域的客观规律，讲究经济效果。房屋设计的使用要求和技术措施要和相应的造价、建筑标准统一起来。

（四）考虑建筑美观要求

建筑物是社会的物质和文化财富，它在满足使用要求的同时，还需要考虑人们对建筑物在美观方面的要求，考虑建筑物所赋予人们精神上的感受。建筑设计要努力创造具有我国时代精神的建筑空间组合与建筑形象。历史上创造的具有时代印记和特色的各种建筑形象，往往是一个国家、一个民族文化传统宝库中的重要组成部分。[1]

（五）符合总体规划要求

单体建筑是总体规划中的组成部分，单体建筑应符合总体规划提出的要求。建筑物的设计还要充分考虑和周围环境的关系，例如，原有建筑的状况、道路的走向、基地面积的大小及绿化和拟建建筑物的关系等。新设计的单体建筑应与基地形成协调的室外空间组合和良好的室外环境。

四、建筑设计的依据

建筑设计是房屋建造过程中的一个重要环节，其工作是将有关设计任务的文字资料转变为图纸。在这个过程中，还必须贯彻国家的建筑方针和政策，并使建筑与当地的自然条件相适应。因此，建筑设计是一个渐次进行的科学决策过程，必须在一定的基础上有依据地进行。现将建筑设计过程中所涉及的一些主要依据分述如下：

（一）资料性依据

建筑设计的资料性依据主要包括三个方面，即人体工程学、各种设计的规范和建筑模数制的有关规定。

（二）条件性依据

建筑设计的条件性依据，主要可分为地质与气候条件两个方面：

---

[1]熊丹安,王芳,赵亮,等.建筑结构[M].广州:华南理工大学出版社,2017.

1.温度、湿度、日照、雨雪、风向、风速等气候条件

气候条件对建筑物的设计有较大影响。例如,湿热地区,房屋设计要很好地考虑隔热、通风和遮阳等问题;干冷地区,通常又希望把房屋的体型尽可能设计得紧凑一些,以减少外围护面的散热,有利于室内采暖、保温。

日照和主导风向通常是确定房屋朝向和间距的主要因素,风速是高层建筑、电视塔等设计中考虑结构布置和建筑体型的重要因素,雨雪量的多少对选用屋顶形式和构造也有一定影响。在设计前,需要收集当地上述有关的气象资料,作为设计的依据。

2.地形、地质条件和地震烈度

基地地形的平缓或起伏,基地的地质构成、土壤特性和地耐力的大小对建筑物的平面组合、结构布置和建筑体型都有明显的影响。坡度较陡的地形,常使房屋结合地形错层建造;复杂的地质条件,要求房屋的构成和基础的设置采取相应的结构构造措施。

地震烈度表示地面及房屋建筑遭受地震破坏的程度。在烈度6度以下地区,地震对建筑物的损坏影响较小。9度以上的地区,由于地震过于强烈,从经济因素及耗用材料考虑,除特殊情况外,一般应尽可能避免在这些地区建设。房屋抗震设防的重点是指6、7、8、9地震烈度的地区。

(三)文件性依据

建筑设计的依据文件:

第一,主管部门有关建设任务使用要求、建筑面积、单方造价和总投资的批文以及国家有关部、委或各省、市、地区规定的有关设计定额和指标。

第二,工程设计任务书:由建设单位根据使用要求,提出各种房间的用途、面积大小以及其他的一些要求,工程设计的具体内容、面积建筑标准等都需要和主管部门的批文相符合。

第三,城建部门同意设计的批文:内容包括用地范围(常用红线划定)以及有关规划、环境等城镇建设对拟建房屋的要求。

第四,委托设计工程项目表:建设单位根据有关批文向设计单位正式办理委托设计的手续。规模较大的工程还常采用投标方式,委托得标单位进行设计。

设计人员根据上述设计的有关文件,通过调查研究,收集必要的原始数据和勘测设计资料,综合考虑总体规划、基地环境功能要求、结构施工、

材料设备、建筑经济以及建筑艺术等方面的问题,进行设计并绘制成建筑图纸,编写主要设计意图说明书,其他工种也相应设计并绘制各类图纸,编制各工种的计算书、说明书以及概算和预算书。上述整套设计图纸和文件便成为房屋施工的依据。

第三节 建筑物的分类与分级

一、建筑物的分类

供人们生活、学习、工作、居住以及从事生产和各种文化活动的房屋称为建筑。其他如水池、水塔、支架、烟囱等间接为人们提供服务的设施称为构筑物。

建筑物的分类方法有很多种,大体可以从使用性质、结构类型、建筑层数(高度)、承重方式及建筑工程等级等几方面进行区分。

(一)使用性质和特点

建筑物按使用性质可分为三大类:

1.民用建筑

它包括居住建筑(住宅、宿舍等)和公共建筑(办公楼、影剧院、医院、体育馆、商场等)两大部分。

2.工业建筑

它包括生产车间、仓库和各种动力用房及厂前区等。

3.农业建筑

它包括饲养、种植等生产用房和机械、种子等贮存用房。民用建筑物除按使用性质不同进行分类以外,还可以按使用特点进行分类。

①大量性建筑。大量性建筑主要是指量大面广,与人们生活密切相关的建筑。其中包括一般的居住建筑和公共建筑,如职工住宅、托儿所、幼儿园及中小学教学楼等。其特点是与人们日常生活有直接关系,而且建筑量大、类型多,一般均采用标准设计。

②大型性建筑。这类建筑多建造于大中城市,规模宏大,是比较重要的公共建筑,如大型车站、机场候机楼、会堂、纪念馆、大型办公楼等。这

类建筑使用要求比较复杂,建筑艺术要求也较高。因此,这类建筑大都进行个别设计。[①]

(二)结构类型

结构类型指的是房屋承重构件的结构类型,它多依据其选材不同而不同。可分为如下几种类型:

1.砖木结构

这类房屋的主要承重构件用砖、木做成。其中竖向承重构件的墙体、柱子采用砖砌,水平承重构件的楼板、屋架采用木材。这类房屋的层数较低,一般均在3层及以下。

2.砌体结构

这类房屋的竖向承重构件采用各种类型的砌体材料制作(如黏土实心砖、黏土多孔砖、混凝土空心小砌块等)的墙体和柱子,水平承重构件采用钢筋混凝土楼板、屋顶板,其中也包括少量的屋顶采用木屋架。这类房屋的建造层数也随材料的不同而改变。其中黏土实心砖墙体在8度抗震设防地区的允许建造层数为6层,允许建造高度为18m;钢筋混凝土空心小砌块墙体在8度抗震设防地区的允许建造层数为6层,允许建造高度为18m。

3.钢筋混凝土结构

这种结构一般采用钢筋混凝土柱、梁、板制作的骨架或钢筋混凝土制作的板墙作承重构件,而墙体等围护构件,一般采用轻质材料做成。这类房屋可以建多层(6层及以下)或高层(10层及以上)的住宅或高度在24m以上的其他建筑。

4.钢结构

主要承重构件均用钢材制成,在高层民用建筑和跨度大的工业建筑中采用较多。

此外还可分为木结构、生土建筑、塑料建筑、充气塑料建筑等。

(三)施工方法

通常,施工方法可分为4种形式:

1.装配式

把房屋的主要承重构件,如墙体、楼板、楼梯、屋顶板均在加工厂制成

① 杨军. 高分辨率遥感图像的建筑物分类[J]. 住宅与房地产,2018(28):194.

预制构件,在施工现场进行吊装、焊接、处理节点。这类房屋以大板、砌块、框架、盒子结构为代表。

2.现浇(现砌)式

这类房屋的主要承重构件均在施工现场用手工或机械浇筑和砌筑而成。它以滑升模板为代表。

3.部分现浇、部分装配式

这类房屋的施工特点是内墙采用现场浇筑,而外墙及楼板、楼梯均采用预制构件。它是一种混合施工的方法,以大模建筑为代表。

4.部分现砌、部分装配式

这类房屋的施工特点是墙体采用现场砌筑,而楼板、楼梯、屋顶板均采用预制构件,这是一种既有现砌又有预制的施工方法。它以砌体结构为代表。

(四)建筑层数

建筑层数是房屋的实际层数(但层高在2.2m及以下的设备层、结构转换层和超高层建筑的安全避难层不计入建筑层数内)。

建筑高度是室外地坪至房屋檐口部分的垂直距离。多层建筑对住宅而言是指建筑层数在9层及9层以下的建筑;对公共建筑而言是指高度在24m及24m以下的建筑。高层建筑对住宅而言指的是10层及10层以上的建筑;对公共建筑而言指的是高度在24m以上的建筑。

《民用建筑设计通则》(GB 50352—2005)中规定:

住宅建筑按层数分类:1层～3层的住宅为低层;4层～6层的为多层;7层～9层的为中高层;10层及10层以上的为高层。

公共建筑及综合性建筑总高度超过24m者为高层(不包括总高度超过24m的单层主体建筑)。当建筑总高度超过100m时,不论其是住宅还是公共建筑均为超高层建筑。

(五)承重方式

通常,结构的承重方式可分为4种形式:

1.墙承重式

用墙体支承楼板及屋顶板传来的荷载,如砌体结构。

2.骨架承重式

用柱、梁、板组成的骨架承重,墙体只起围护和分隔作用,如框架结构。

3.内骨架承重式

内部采用柱、梁、板承重,外部采用砖墙承重,称为框混结构。这种做法大多是为了在底层获取较大空间,如底层带商店的住宅。

4.空间结构

采用空间网架、悬索、各种类型的壳体承受荷载,称为空间结构,如体育馆、展览馆等的屋顶。

二、建筑物的等级划分

(一)建筑物的工程等级

建筑物的工程等级以其复杂程度为依据,共分六级。

1.特级

工程主要特征:①列为国家重点项目或以国际性活动为主的特高级大型公共建筑;②有全国性历史意义或技术要求特别复杂的中小型公共建筑;③30层以上的建筑;④高大空间,有声、光等特殊要求的建筑物。

工程范围举例:国际宾馆、国家大会堂、国际会议中心、国际体育中心、国际贸易中心。国际大型航空港、国际综合俱乐部、重要历史纪念建筑、国家级图书馆、博物馆、美术馆、剧院、音乐厅、三级以上人防等。

2.一级

工程主要特征:①高级大型公共建筑;②有地区性历史意义或技术要求复杂的中、小型公共建筑;③16层以上29层以下或超过50m高的公共建筑。

工程范围举例:高级宾馆、旅游宾馆、高级招待所、别墅、省级展览馆、博物馆、图书馆、科学试验研究楼(包括高等院校)、高级会堂、高级俱乐部、大于300床位的医院、疗养院、医疗技术楼、大型门诊楼、大中型体育馆、室内游泳馆、室内滑冰馆、大城市的火车站航运站、候机楼、摄影棚、邮电通信楼、综合商业大楼、高级餐厅、四级人防、五级平战结合人防等。

3.二级

工程主要特征:①中高级、大中型公共建筑;②技术要求较高的中小型建筑;③16层以上29层以下的住宅。

工程范围举例:大专院校的教学楼、档案楼、礼堂、电影院、部省级机关办公楼、300床位以下(不含300床位)的医院、疗养院、图书馆、文化馆、少年宫、俱乐部、排演厅、报告厅、风雨操场、大中城市的汽车客运站、中等城市的火车站、邮电局、多层综合商场、风味餐厅、高级小住宅等。

4.三级

工程主要特征：①中级、中型公共建筑；②7层以上（含7层）15层以下有电梯的住宅或框架结构的建筑。

工程范围举例：重点中学、中等专业学校、教学楼、试验楼、电教楼、社会旅馆、饭馆、招待所、路室、邮电所、门诊所、百货楼、托儿所幼儿园、综合服务楼、1层或2层商场、多层食堂、小型车站等。

5.四级

工程主要特征：①一般中小型公共建筑；②7层以下无电梯的住宅、宿舍及砖混建筑。

工程范围举例：一般办公楼、中小学教学楼、单层食堂、单层汽车库、消防车库、消防站、蔬菜门市部、粮站、杂货店、阅览室、理发室、水冲式公共厕所等。

6.五级

工程主要特征：1层或2层单功能、一般小跨度结构的建筑。

工程范围举例：1层或2层单功能、一般小跨度结构的建筑。

（二）民用建筑的等级划分

建筑物的等级是依据耐久等级（使用年限）和耐火等级（耐火极限）进行划分的。

1.耐久等级

《民用建筑设计通则》（GB 50352—2005）对建筑物的设计使用年限及等级划分做了如下规定，见表1-1。

表1-1 建筑物的设计使用年限

类别	设计使用年限（年）	建筑物的性质
四	100	纪念性建筑和特别重要的建筑,如纪念馆、博物馆等
三	50	普通建筑和构筑物,如行政办公楼、医院、大型工业厂房等
二	25	易于替换结构构件的建筑,如文教、卫生、居住、托幼、库房等
一	5	临时性建筑

2.耐火等级

耐火等级取决于房屋主要构件的耐火极限和燃烧性能,它的单位为小时(h)。耐火极限指从受到火的作用起到失掉支持能力或发生穿透性裂缝或背火一面温度升高到220℃时所延续的时间。按材料的燃烧性能把材料分为燃烧材料(如木材等)、难燃烧材料(如木丝板等)和非燃烧材料(如砖、石等)。用上述材料制作的构件分别叫燃烧体、难燃烧体和非燃烧体。

第二章 建筑平面与剖面设计

第一节 房间的平面与剖面设计

一、房间的平面设计

各种类型的建筑按使用功能一般可以归纳为主要使用空间、辅助使用空间和交通联系空间,通过交通联系空间将主要使用空间和辅助使用空间联成一个有机的整体。主要使用空(房)间,如住宅中的起居室、卧室,学校建筑中的教室、试验室等;辅助使用空(房)间,如厨房、厕所、储藏室等。交通联系空间是建筑物中各个房间之间、楼层之间和房间内外联系通行的面积,即各类建筑物中的走廊、门厅、过厅、楼梯、坡道以及电梯和自动扶梯等所占的面积。

(一)主要使用空间的设计

1.主要使用空间的分类

从房间的使用功能要求来分,主要使用空间主要有:

(1)生活用房间

如住宅的起居室、卧室;宿舍和宾馆的客房等。

(2)工作、学习用房间

如各类建筑中的办公室、值班室;学校中的教室、试验室等。

(3)公共活动房间

如商场中的营业厅;剧场、影院的观众厅、休息厅等。

上述各类房间的要求不同,如生活、工作和学习用房间要求安静、朝向好;公共活动房间人流比较集中,因此室内活动组织和交通组织比较重要,特别是人员的疏散问题较为突出。

2.主要使用空间的设计要求

第一,房间的面积、形状和尺寸要满足室内使用、活动和家具、设备的布置要求。

第二,门窗的大小和位置,必须使出入房间方便,疏散安全,采光、通风良好。

第三,房间的构成应使结构布置合理、施工方便,要有利于房间之间的组合,所用材料要符合建筑标准。

第四,要考虑人们的审美要求。

3.空间面积的确定

空间面积与使用人数有关。通常情况下,人均使用面积应按有关建筑设计规范确定。下面是住宅建筑、办公楼、中小学、幼儿园的一些面积指标:

(1)住宅建筑

根据《住宅设计规范》(GB 50096—2011),住宅套型及房间的使用面积应不小于表2-1的规定。

表2-1 住宅套型及房间的使用面积

套型及房间	使用面积不应小于/m²
由卧室、起居室(厅)、厨房和卫生间等组成的住宅套型	30
由兼起居的卧室、厨房和卫生间等组成的住宅最小套型	22
双人卧室	9
单人卧室	5
起居室(厅)	10
由卧室、起居室(厅)、厨房和卫生间等组成的住宅套型的明房	4
由兼起居的卧室、厨房和卫生间等组成的住宅最小套型的厨房	3.5
设便器、洗面器的卫生间	1.8
设便器、洗浴器的卫生间	2
设洗面器、洗浴器的卫生间	2
设洗面器、洗衣机的卫生间	1.8

(2)办公楼

办公楼中的办公室按人均3.5m²使用面积考虑,会议室按有会议桌每人1.8m²、无会议桌每人0.8m²使用面积计算。

（3）中小学

中小学中各类房间的使用面积指标分别是：普通教室为$1.1m^2$/人～$1.2m^2$/人、试验室为$1.8m^2$/人、自然教室为$1.57m^2$/人、史地教室为$1.8m^2$/人、美术教室为$1.57m^2$/人～$1.80m^2$/人、计算机教室为$1.57m^2$/人～$1.80m^2$/人、合班教室为$1.0m^2$/人。

（4）幼儿园

幼儿园中活动室的使用面积为$50m^2$/班，寝室的使用面积为$50m^2$/班，卫生间为$15m^2$/班，储藏室为$9m^2$/班，音体活动室为$150m^2$，医务保健室为$12m^2$/班，厨房使用面积为$100m^2$左右。

4.房间的形状和尺寸

房间的平面形状和尺寸与室内使用活动特点、家具布置方式以及采光、通风等因素有关。有时还要考虑人们对室内空间的直观感觉。住宅的卧室、起居室，学校建筑的教室、宿舍等房间，大多采用矩形平面的房间。

在决定矩形平面的尺寸时，应注意宽度及长度尺寸必须满足使用要求和符合模数的规定。以普通教室为例，第一排座位距黑板的最小距离为2m，最后一排座位距黑板的距离应不大于8.5m，前排边座与黑板远端夹角控制在不小于30°（图2-1），且必须注意从左侧采光。另外，教室宽度必须满足家具设备和使用空间的要求，一般常用6.0m×9m～6.6m×9.9m的规格。办公室、住宅卧室等房间，一般采用沿外墙短向布置的矩形平面，这是综合考虑家具布置、房间组合、技术经济条件和节约用地等多方面因素决定的。常用开间进深尺寸为2.7m×3m，3m×3.9m，3.3m×4.2m，3.6m×4.5m，3.6m×4.8m，3m×5.4m，3.6m×5.4m，3.6m×6.0m等。

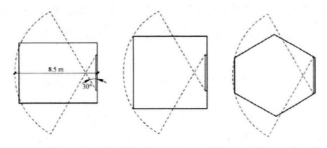

图2-1　教室中基本满足视听要求的平面范围和形状的几种可能

剧院观众厅、体育馆比赛大厅，由于使用人数多，有视听和疏散要求，常采用较复杂的平面。这种平面多以大厅为主（图2-2）。附属房间多分布在大厅周围。

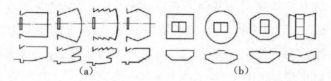

图2-2　剧院观众厅和体育馆比赛大厅的平面形状及剖面示意图

(a)剧院观众厅;(b)体育馆比赛大厅

5.门窗在房间平面中的布置

(1)门的宽度、数量和开启方式

门的最小宽度取决于通行人流股数、需要通过门的家具及设备的大小等因素。如住宅中,卧室、起居室等生活房间,门的最小宽度为900mm;厨房、厕所等辅助房间,门的最小宽度为700mm(上述门宽尺寸均是洞口尺寸)。

对于室内面积较大,活动人数较多的房间,必须相应增加门的宽度或门的数量。当室内人数多于50人,房间面积大于60m²时,按《建筑设计防火规范》(GB 50016—2014)规定,最少应设两个门,并放在房间的两端。对于人流较大的公共房间,考虑到疏散的要求,门的宽度一般按每100人取600mm计算。门扇的数量与门洞尺寸有关,一般1000mm以下的设单扇门,1200mm～1800mm的设双扇门,2400mm以上的宜设四扇门。

一般房间的门宜内开;影剧场、体育馆观众厅的疏散门必须外开;会议室、建筑物出入口的门宜做成双向开启的弹簧门。门的安装应不影响使用,门边垛最小尺寸应不小于240mm。

(2)窗的大小和位置

窗在建筑中的主要作用是采光与通风。其大小可按采光面积比确定。采光面积比是指窗口透光部分的面积和房间地面面积的比值,其数值必须满足表2-2的要求。

表2-2　民用建筑中房间使用性质的采光等级和采光面积

采光等级	采光工作特征		房间名称	天然照度系数	采光面积比
	工作或活动要求的精确程度	要求识别的最小尺寸/mm			
I	极精密	<0.2	绘画室、制图室、画廊、手术室	5～7	1/5～1/3

续表

Ⅱ	精密	0.2～1	阅览室、医务室、专业试验室	3～5	1/6～1/4
Ⅲ	中等精密	1～10	办公室、会议室、营业厅	2～3	1/8～1/6
Ⅳ	粗糙	>10	观众厅、休息厅、厕所等	1～2	1/10～1/8
Ⅴ	极粗糙	—	储藏室、门厅走廊、楼梯间	0.25～1	1/10以下

为满足室内通风要求,应尽量做到有自然通风,一般可将窗与窗或窗与门对正布置,如图2-3所示。

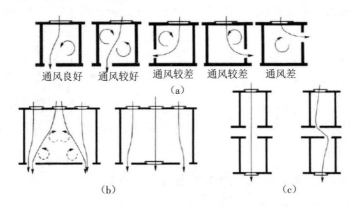

图2-3 门窗的相互位置

(a)一般房间门窗相互位置;(b)教室门窗相互位置;(c)风廊式平面房间门窗相互位置

三、房间的剖面形状

房间的剖面形状主要是根据使用要求、经济技术条件及特定的艺术构思确定的,既要适合使用,又要达到一定的艺术效果。房间的剖面形状有矩形和非矩形两大类。大多数建筑均采用矩形,这是因为矩形剖面简单、规整、便于竖向的空间组合,容易获得简洁而完整的体型,同时结构简单、施工方便。非矩形剖面常用于有特殊使用要求的建筑或采用特殊结构形式的建筑。影响房间剖面形状的因素有使用要求,结构、材料、施工要求和采光、通风要求等。

(一)使用要求对剖面形状的影响

在民用建筑中,大多数建筑对音质和视线的要求较低,矩形剖面能满足正常使用,因此住宅、办公、旅馆等建筑大多采用矩形剖面。有特殊音质和视线要求的房间,主要是影剧院的观众厅、体育馆的比赛大厅、教学楼的阶梯教室等,为了满足一定的视线要求,其剖面会采用特殊形式,室内地面按一定的坡度变化升起,设计视点越低,地面升起坡度越大。

观看行为不同,设计视点的选择高度也不相同。电影院的视点高度选在荧幕底边中心点,这样就可以保证人的视线能够看到荧幕的全画面;体育馆常需要进行多种比赛,视点选择多以较不利观看的篮球比赛为依据,视点高度选在篮球场边线上空 300mm ~ 500mm 处;阶梯教室的视点高度常选在讲台桌面,大约距地面 1100mm 处;剧院的视点高度一般定于大幕的舞台面上水平投影的中心点。设计视点确定后就要进行地面起坡计算,首先要确定每排视线升高值。每排视线升高值应等于后排观众与前排观众眼睛之间的视高差。一般定为 120mm,当座位错位排列时,每排视线升高值为 60mm。

为达到良好的室内音质效果,保证室内声场分布均匀,避免产生有害声现象(回声、声聚焦等),在剖面设计中还要注意对顶棚的材料和形状进行设计,使其一次反射声均匀分布。

(二)结构、材料和施工要求对剖面形状的影响

房间的剖面形状还应考虑结构类型、材料及施工技术的影响。大跨度建筑的房间剖面由于结构形式的不同而形成不同的内部空间特征。当房间采用梁板结构时,剖面形状一般为矩形,当房间采用拱结构、壳体结构、悬索结构等结构类型时,其剖面形状也各有不同。

(三)采光、通风要求对剖面形状的影响

室内光线的强弱和照度是否均匀,除了和平面中窗户的宽度及位置有关外,还和窗户在剖面中的高低有关。房间里光线的照射深度主要靠侧窗的高度来解决,进深越大,要求侧窗上沿的位置越高,即相应房间的净高也要高一些。[①]

单层房间中进深较大的房间,从改善室内采光通风条件考虑,常在屋顶设置各种形式的天窗,使房间的剖面形状具有明显的特点,如大型展览馆、室内游泳池等建筑,主要大厅常以天窗的顶光和侧光相结合的布置方

---

①刘佳思. 论建筑剖面设计中的空间利用[J]. 建筑工程技术与设计,2015(13).

式来提高室内采光质量,如图2-4所示。

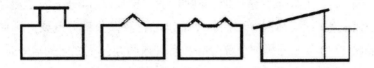

图2-4 采光方式对剖面形状的影响

第二节 功能组织与平面组合设计

一、功能组织原则

在进行平面的功能组织时,要根据具体设计要求,掌握以下几个原则。

(一)房间的主次关系

在建筑中由于各类房间使用性质的差别,有的房间处于主要地位,有的则处于次要地位,在进行平面组合时,根据它们的功能特点,通常将主要使用房间放在朝向好、比较安静的位置,以取得较好的日照、通风条件。公共活动的主要使用房间的位置应在出入和疏散方便、人流导向比较明确的部位。例如,学校教学楼中的教室、试验室等,应是主要的使用房间,其余的管理、办公、储藏、厕所等,属于次要房间。

(二)房间的内外关系

在各种使用空间中,有的部分对外性强,直接为公众使用,有的部分对内性强,主要是内部工作人员使用。按照人流活动的特点,将对外性较强的部分尽量布置在交通枢纽附近,将对内性较强的部分布置在较隐蔽的部位,并使之靠近内部交通区域。如商业建筑营业厅是对外的,人流量大,应布置在交通方便、位置明显处,而将库房、办公区域等管理用房布置在后部次要入口处。

(三)房间的联系与分隔

在建筑物中,那些供学习、工作、休息用的主要使用部分希望获得比较安静的环境,因此,应与其他使用部分适当分隔。在进行建筑平面组合时,首先将组成建筑物的各个使用房间进行功能分区,以确定各部分的联系与分隔,使平面组合更趋合理。例如,学校建筑,可以分为教学活动、行政办公以及生活后勤等几部分,教学活动和行政办公部分既要分区明确、避免干扰,又要考虑分属两个部分的教室和教师办公室之间的联系是否方便,它们的平面位置应适当靠近一些;对于使用性质同样属于教学活动部分的普通教室和音乐教室,由于音乐教室上课时对普通教室有一定的声响干扰,它们虽属同一个功能区中,但是在平面组合中却又要求有一定的分隔。

(四)房间使用顺序及交通路线的组织

在建筑物中,不同使用性质的房间或各个部分,在使用过程中通常有一定的先后顺序,这将影响到建筑平面的布局方式,平面组合时要很好地考虑这些房间的先后顺序,应以公共人流交通路线为主导线,不同性质的交通路线应明确分开。例如,火车站建筑中有人流和货流之分,人流又有问询、售票、候车、检票、进入站台上车的上车流线,以及由站台经过检票出站的下车流线等;有些建筑物对房间的使用顺序没有严格的要求,但是也要安排好室内的人流通行面积,尽量避免不必要的往返、交叉或相互干扰。

二、平面组合设计

(一)走廊式组合

走廊式组合是通过走廊联系各使用房间的组合方式,其特点是把使用空间和交通联系空间明确分开,以保持各使用房间的安静和不受干扰,适用于学校、医院、办公楼、集体宿舍等建筑物中。

走廊两侧布置房间的为内廊式。这种组合方式平面紧凑,走廊所占面积较小,建筑深度较大,节省用地,但是有一侧的房间朝向差,走廊较长时,采光、通风条件较差,需要开设高窗或设置过厅以改善采光和通风条件。

走廊一侧布置房间的为外廊式。房间的朝向、采光和通风都较内廊式好,但建筑深度较小,辅助交通面积增大,故占地面积增大,相应造价增加。

(二)单元式组合

单元式组合是以竖向交通空间(楼、电梯)连接各使用房间,使之成为一个相对独立的整体的组合方式,其特点是功能分区明确,单元之间相对独立,组合布局灵活,适应不同的地形,广泛用于住宅、幼儿园、学校等建筑组合中。

(三)套间式组合

套间式组合是将各使用房间相互串联贯通,以保证建筑物中各使用部分的连续性的组合方式。其特点是交通部分和使用部分结合起来设计,平面紧凑,面积利用率高,适用于展览馆、商场、火车站等建筑物。

(四)大厅式组合

大厅式组合是在人流集中、厅内具有一定活动特点并需要较大空间时形成的组合方式。这种组合方式常以一个面积较大,活动人数较多,有一定的视、听等使用特点的大厅为主,辅以其他的辅助房间。例如剧院、会场、体育馆等建筑物类型的平面组合。在大厅式组合中,交通路线组织问题比较突出,应使人流的通行通畅安全、导向明确。

以上是民用建筑常见的平面组合方式,在各类建筑物中,结合建筑物各部分功能分区的特点,也经常形成以一种结合方式为主、局部结合其他组合方式的布置,即混合式的组合布局。随着建筑使用功能的发展和变化,平面组合的方式也会有一定的变化。

三、建筑平面组合与结构选型的关系

进行建筑平面组合设计时,要根据不同建筑的组合方式采取相应的结构形式来满足,以达到经济、合理的效果。目前,民用建筑常用的结构类型有三种,即墙承重结构、框架结构和空间结构。

(一)墙承重结构

墙承重结构是以墙体、钢筋混凝土梁板等构件构成的承重结构系统,建筑的主要承重构件是墙、梁板、基础等。墙承重结构分为横墙承重、纵墙承重、纵横墙混合承重三种。

1.横墙承重

房间的开间大部分相同,开间的尺寸符合钢筋混凝土板的经济跨度时,常采用横墙承重的结构布置,如图2-5(a)。横墙承重的结构布置,建筑横向刚度好,立面处理比较灵活,但由于横墙间距受梁板跨度限制,房间的开间不大,因此,适用于有大量相同开间,而房间面积较小的建筑,如宿舍、门诊所和住宅建筑。

2.纵墙承重

房间的进深基本相同,进深的尺寸符合钢筋混凝土板的经济跨度时,常采用纵墙承重的结构布置,如图2-5(b)。纵墙承重的主要特点是平面布置时房间大小比较灵活,建筑在使用过程中,可以根据需要改变横向隔断的位置,以调整使用房间面积的大小,但建筑整体刚度和抗震性能差,立面开窗受限制,适用于一些开间和尺寸比较多样的办公楼,以及房间布置比较灵活的住宅建筑。

3.纵横墙混合承重

在建筑平面组合中,一部分房间的开间尺寸和另一部分房间的进深尺寸符合钢筋混凝土板的经济跨度时,建筑平面可以采用纵横墙承重的结构布置,如图2-5(c)。这种布置方式,平面中房间安排比较灵活,建筑刚度相对也较好,但是由于楼板铺设的方向不同,平面形状较复杂,因此施工时比上述两种布置方式麻烦。一些开间、进深都较大的教学楼,可采用有梁板等水平构件的纵横墙承重的结构布置,如图2-5(d)。

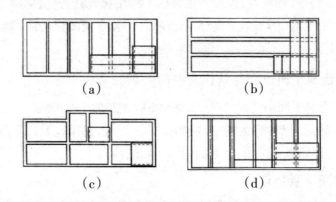

(a)   (b)

(c)   (d)

图2-5 墙体承重的结构布置

(a)模墙承重;(b)纵墙承重;(c)纵横墙承重;(d)纵横墙承重(梁板布置)

(二)框 架 结 构

框架结构是以钢筋混凝土梁柱或钢梁柱连接的结构布置。框架结构布置的特点是梁柱承重,墙体只起分隔、围护的作用,房间布置比较灵活,门窗开置的大小、形状都较自由,但造价比墙承重结构高。在走廊式和套间式的平面组合中,当房间的面积较大、层高较高、荷载较重或建筑物的层数较多时,通常采用钢筋混凝土框架或钢框架结构,如实验楼、大型商店、多层或高层旅馆等建筑物。[①]

（三）空间结构

在大厅式平面组合中，对面积和体积都很大的厅室，如剧院的观众厅、体育馆的比赛大厅等，它的覆盖和围护问题是大厅式平面组合结构布置的关键。新型空间结构的迅速发展，有效地解决了大跨度建筑空间的覆盖问题，同时也创造了丰富多彩的建筑形象。空间结构系统有各种形状的折板结构、壳体结构、网架壳体结构以及悬索结构等。

第三节 建筑高度与层数的确定

一、建筑高度的确定

（一）房间净高与层高

净高是房间内地坪或楼板面到顶棚或其他凸出于顶棚之下的构件底面之间的距离。层高是该层的地坪或楼板面到上层楼板面的距离，即该层房间的净高加上楼板层的结构厚度（包括梁高），如图2-6所示。

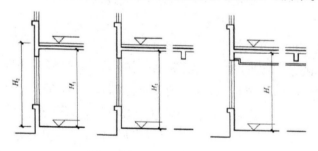

图2-6 净高与层高

H₁—净高；H₂—层高

（二）影响房间净高与层高的因素

影响房间净高和层高的因素有人体活动及家具设备的要求、采光与通风等卫生要求、结构层的高度及构造方式的要求、建筑经济方面的要求和

---

①陈文建，季秋媛，何培斌，等. 建筑设计与构造[M]. 北京：北京理工大学出版社，2019.

室内空间比例的要求。

1.人体活动及家具设备的要求

房间的高度与人体活动尺度、室内使用性质、家具设备设置等密切相关。在民用建筑中,对房间高度有一定影响的设备布置主要有:顶棚部分嵌入或悬吊的灯具、顶棚内外的一些空调管道以及其他设备所占的空间。

一般来说,室内净高最小为2.2m,住宅净高应不小于2.4m;使用人数较多、面积较大的公共房间如教室、办公室等,室内净高常为3.0m～3.3m;集体宿舍考虑布置双层床,净高一般不小于3.2m;医院手术室考虑手术台、无影灯等尺寸及操作空间,净高一般不小于3.0m。

2.采光、通风等卫生要求

房间里光线的照射深度,主要靠侧窗的高度来解决。侧窗上沿越高,光线照射深度越深;上沿越低,光线照射深度越浅。为此,进深大的房间,为满足房间照度要求,常提高窗的高度,相应房间的高度也应增加。

对容纳人数较多的公共建筑,为保证房间必要的卫生条件,在剖面设计中,除组织好通风换气外,还应考虑房间正常的气容量。其取值与房间用途有关,如中小学教室为$3m^2$/人～$5m^2$/人,电影院观众厅为$4m^2$/座～$5m^2$/座。根据房间容纳人数、面积大小及气容量标准,便可确定符合卫生要求的房间净高。

3.结构层的高度及构造方式的要求

在房间的剖面设计中,梁、板等结构构件的厚度,墙柱等构件的稳定性,以及空间结构的形状、高度对剖面设计都有一定影响。例如,砖混结构中,钢筋混凝土梁的高度通常为跨度的1/12左右。由于梁底下凸较多,楼板层结构厚度较大,相应房间的净高降低,如将梁的宽度增加,高度降低,形成扁梁,楼板层结构的厚度减小,在层高不变的前提下,提高了房间的使用空间;承重墙由于墙体稳定的高厚比要求,当墙厚不变时,房间的高度也受到一定的限制;框架结构系统,由于改善了构件的受力性能,能适应空间较高要求的房间,但此时也要考虑柱子断面尺寸和高度之间的长细比要求。

空间结构是另一种不同的结构系统,它的高度和剖面形状是多种多样的。选用空间结构时,要尽可能和使用活动特点所要求的剖面形状结合起来。例如,薄壳结构的体育馆比赛大厅,结合考虑了球类活动和观众看台所需要的不同高度;悬索结构的电影观众厅,要使电影放映、银幕、座位部分的不同高度要求和悬索结构形成的剖面形状结合起来。

4.建筑经济方面的要求

层高是影响建筑造价的一个重要因素,在满足使用要求、采光、通风、室内观感等前提条件下,应尽可能降低层高。一般砖混结构的建筑,层高每减少100mm,可节省投资1%。层高降低,又使建筑物总高度降低,从而缩小建筑间距,节约用地,同时还能减轻建筑物的自重,减少围护结构面积,节约材料,降低能耗。

5.室内空间比例的要求

室内空间的封闭和开敞、高大和矮小、比例协调与否都会给人不同的感觉。高而窄的空间易使人产生兴奋、激昂、向上的情感且具有严肃性;矮而宽的空间使人感觉宁静、开阔、亲切,但也可能带来压抑、沉闷的感觉。一般情况下,面积大的房间净高、层高应大一些,避免给人压抑感;面积小的房间高度则应小一些,避免给人局促感。一般建筑的空间比例(高宽比)为1:1.5～1:3比较合适。要改变房间比例不协调或空间观感不好的情况,通常需要改变某些尺度,也会涉及和影响到房间的高度。

三、窗台的高度

窗台的高度主要根据室内的使用要求、人体尺度和家具设备的高度来确定。

一般民用建筑中,生活、学习或工作用房,窗台的高度应与房间的工作面一致,通常采用900mm左右,这样的尺寸和桌子的高度(约800mm)、人正坐时的视线高度(约1200mm)配合比较恰当;幼儿园建筑结合儿童尺度,活动室的窗台高度常采用700mm左右;对疗养建筑和风景区的建筑,由于要求室内阳光充足或便于观赏室外景色,常降低窗台高度或做成落地窗;对展览建筑,由于室内需利用墙面布置展品,并保证窗台到陈列品的距离形成不小于14°的保护角,常将窗台的高度提高到2500mm左右;一些有私密性要求的房间如浴室等,其窗台高度一般为1800mm,以利于遮挡视线。

四、室内外高差

为了防止室外雨水倒灌和墙体受潮,同时避免因建筑物沉降导致室内地面降低,室内外地面应有一定高差。考虑到正常的使用、建筑物的沉降量和施工经济因素,室内外高差一般为150mm～600mm。纪念性建筑和某些大型公共建筑常借助于增大室内外高差来增强严肃、庄重、雄伟的气氛。仓库、厂房等建筑物要求室内外联系方便,保证车辆的出入,高差应做得小一点,并且只做坡道不做台阶。

当建筑物所在基地的地形起伏变化较大时,需要根据地段道路标高、施工时的土方量以及基地的排水条件等因素综合分析,确定合理的室内外高差。[①]

建筑设计常取底层室内地坪相对标高为±0.000,低于底层地坪为负值,高于底层地坪为正值。同一层各个房间的地面标高要一致,以方便行走。对于一些易积水或经常需要冲洗的房间,如开敞的外廊、阳台、浴室、厕所、厨房等,其地面标高应比其他房间稍低一些(20mm～50mm),以免积水外溢,影响其他房间的使用,如图2-7所示。

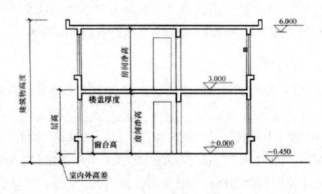

图2-7　建筑各部分高度示意

二、建筑层数的确定

影响建筑层数的因素很多,主要有建筑使用要求,基地环境和城市规划的要求,结构类型、材料和施工的要求,以及经济条件要求等。

(一)建筑使用要求

由于建筑用途不同,使用对象不同,对建筑的层数也有不同的要求。

①林涛,彭朝晖. 房屋建筑学[M]. 北京:中国建材工业出版社,2017.

如幼儿园,为了使用安全和便于儿童与室外活动场地的联系,应建低层,其层数不应超过3层。医院、中小学建筑的层数也宜在3、4层之内;影剧院、体育馆、车站等建筑,由于使用中有大量人流,为便于迅速、安全疏散,也应以单层或低层为主。对于大量建设的住宅、办公楼、旅馆等建筑一般建成多层或高层。

(二)基地环境和城市规划的要求

确定建筑的层数,不能脱离一定的环境条件限制。特别是位于城市街道两侧、广场周围、风景园林区、历史建筑保护区的建筑,必须重视与环境的关系,做到与周围建筑物、道路、绿化相协调,同时要符合城市总体规划的统一要求。

(三)结构类型、材料和施工的要求

建筑物建造时所用的结构体系和材料不同,允许建造的建筑物层数也不同。一般砖混结构,墙体多采用砖砌筑,自重大,整体性差,且随层数的增加,下部墙体越来越厚,既费材料又减少使用面积,故常用于建造6、7层以下的大量性民用建筑,如多层住宅、中小学教学楼、中小型办公楼等。

钢筋混凝土框架结构、剪力墙结构、框架—剪力墙结构及筒体结构则可用于建造多层或高层建筑,如高层办公楼、宾馆、住宅等。空间结构体系,如折板、薄壳、网架等,则适用于低层、单层、大跨度建筑,如剧院、体育馆等。

另外,建筑施工条件、起重设备及施工方法等,对确定房屋的层数也有一定影响。

(四)经济条件要求

建筑的造价与层数关系密切。对于砖混结构的住宅,在一定范围内,适当增加房间层数,可降低住宅造价。一般情况下,5层~6层砖混结构的多层住宅是比较经济的。

除此之外,建筑的层数与节约土地关系密切。在建筑群体组合设计中,个体建筑的层数越多,用地越经济。把一幢5层住宅和5幢单层平房相比较,在保证日照间距的条件下,用地面积相差2倍左右;同时,道路和室外管线设置也都相应地减少。

第四节 建筑剖面组合和空间处理

一、建筑剖面的组合原则

一幢建筑物包括许多空间,它们的用途、面积和高度各有不同,在垂直方向上,应当考虑各种不同高度房间合理的空间组合,以取得协调统一的效果。

建筑剖面的组合方式,主要是由建筑物中各类房间的高度和剖面形状、房屋的使用要求、结构布置特点等因素决定的。建筑剖面组合应遵循以下原则:首先,根据功能和使用要求进行剖面组合,一般把对外联系较密切、人员出入多或室内有大型设备的房间放在底层,把对外联系不多、人员出入少、要求安静的房间放在上部。其次,根据建筑各部分高度进行剖面组合,高度相同或相近的房间,如果使用关系密切(如普通教室和试验室、卧室和起居室等),调整高度相同后布置在同一层上,如果调整成相同高度困难,可根据各个房间实际的高度进行组合,形成高度变化的剖面形式。

在多层和高层建筑中,对于层高相差较大的房间,可以把少量面积较大、层高较高的房间布置在底层、顶层,或作为单独部分以裙房的形式依附于主体建筑之外。

对于高度相差特别大的建筑,如体育馆和影剧院的比赛厅、观众厅与办公室、厕所等空间,实际设计中常利用大厅的起坡、看台等特点,把辅助用房布置在看台以下或大厅四周。

楼梯在剖面中的位置是和楼梯在平面中的位置以及平面组合关系紧密联系的。由于采光通风的要求,通常楼梯沿外墙设置,进深较大的外廊式房屋,由于采光通风容易解决,楼梯可设在中部。多层住宅为了节约用地,加大房屋的进深,当楼梯设置在房屋中部时,常在楼梯边安排小天井,以解决楼梯和中部房间的采光通风问题。低层房屋也可以在楼梯上部的屋顶开设天窗,通过梯段之间的楼梯井采光。

二、建筑剖面的组合形式

(一)单层组合

单层剖面便于房屋中各部分人流或物品和室外直接联系,它适用于覆盖面及跨度较大的结构布置,一些顶部要求自然采光和通风的房屋,也常采用单层的剖面组合方式,如体育馆、会场、车站、展览大厅等大多采用单层的组合形式。

(二)多层和高层组合

多层剖面的室内交通联系比较紧凑,适用于有较多相同高度房间的组合,垂直交通通过楼梯联系。多层剖面的组合应注意上下层墙、柱等承重构件的对应关系,以及各层之间相应的面积分配。许多单元式平面的住宅和走廊式平面的学校、宿舍、办公、医院等房屋的剖面较多采用多层的组合方式。

一些建筑类型如旅馆、办公楼等,由于城市用地、规划布局等因素,也有采用高层剖面的组合方式,大城市中有的居住区内,根据所在地段和用地情况考虑已建成了一些高层住宅。高层剖面能在占地面积较小的条件下,建造使用面积较多的房屋。这种组合方式有利于室外辅助设施和绿化等的布置。但是高层建筑的垂直交通需用电梯联系,管道设备等设施也较复杂,使其费用较高。由于高层房屋承受侧向风力的问题比较突出,因此通常以框架结合剪力墙或把电梯间、楼梯间和设备管线组织在竖向简体中,以加强房屋的刚度。

(三)错层和跃层组合

当建筑物内部出现高低差或受地形条件限制时,可采用错层的形式。错层还可适用于结合坡地地形建造的住宅、宿舍等建筑类型。

房屋剖面中的错层高差有以下三种方式解决:

(1)利用踏步解决错层高差;

(2)利用室外高差解决错层高差;

(3)利用楼梯间解决错层高差,即通过选用不同数量的梯段,调整楼梯的踏步数,使休息平台的标高和错层楼地面一致。

跃层式住宅是近年来出现的一种新颖住宅建筑形式。这类住宅的特点是住宅占有上、下两层楼面,卧室、起居室、客厅、卫生间、厨房及其他辅助用房可以分层布置,上下层之间的交通不通过公共楼梯,而采用户内独用小楼梯连接。跃层式住宅的特点是每户都有两层或两层合一的采光面,即使朝向不好,也可以通过增大采光面积弥补,通风较好,户内居住面积和辅助面积较大,布局紧凑,功能明确,相互干扰较小,但结构布置和施工比较复杂。

三、建筑空间处理

建筑空间处理,是在满足建筑功能要求的前提下,对空间进行一定的艺术处理,来满足人们精神上的需求。室内空间处理的手法多种多样,如室内空间的形状、尺度与比例,室内空间的划分,建筑空间的利用等。

(一)室内空间的形状、尺度与比例

不同形状的室内空间,给人的感觉不同。在确定空间形状时,必须把建筑的使用功能和艺术要求结合起来考虑,要获得良好的艺术空间效果,必须认真处理空间的形状、尺度和比例。例如,一个纵向狭长的空间会自然产生强烈的导向感,能引导人流沿纵深方向前进;一个面积小而高度大的空间易产生严肃、庄重的感觉;而一个面积大高度小的空间则使人产生压抑、局促的感觉。

在公共建筑的空间尺度处理中存在功能尺度和视觉尺度问题。功能尺度是根据建、筑使用功能要求确定的尺度,视觉尺度是为满足人的视觉和心理要求而确定的尺度,在进行空间处理时,我们一般以功能尺度为准,对于有特殊要求的空间再作视觉尺度的处理。

(二)室内空间的划分

室内空间的划分是根据室内使用要求来创造所谓空间里的空间,因此,可以按照功能需求做种种处理。随着应用物质的多样化,加上采光、照明的光影、明暗、虚实,陈设的简繁及空间曲折、大小、高低和艺术造型等种种手法,都能产生形态繁多的空间划分。现代建筑因为具备了新结构、新设备、新材料的物质条件,并且更加强调人的行为活动,所以新的空间分隔手法层出不穷,如采用博古架、落地罩、帷幕进行空间分隔;用家具设备进行空间分隔;用地面、顶棚的升降进行空间分隔;用不同材料进行空间分隔等。

在进行空间划分时,还应注意空间的过渡处理,过渡空间是为了衬托

主体空间,或对两个空间的联系起到承上启下的作用,加强空间层次感。如人们从外界进入建筑物内部时,常经过门廊(雨篷)、前厅,它们位于室内外空间之间,起到空间过渡的作用。室内两个大空间之间,如果简单地相连接,会使人产生突然或单薄的感觉,但在两个大空间之间设置一个过渡空间,就可以加强空间的层次感和节奏感。[①]

(三)建筑空间的利用

充分利用建筑物内部的空间,实际上是在建筑占地面积和平面布置基本不变的情况下,起到了扩大使用面积、丰富室内空间艺术效果的作用。

在人们室内活动和家具设备布置等必需的空间范围之外,可以充分利用房间内剩余部分的空间。例如,在住宅卧室中利用床铺上部的空间设置吊柜;在厨房中设置搁板、壁龛和储物柜;在室内设置到顶的组合柜;楼梯间的底部和顶部可以利用起来作为储藏空间;坡屋顶住宅的屋顶空间可以改造成阁楼加以利用。

在公共建筑中的营业厅、体育馆、影剧院、候机楼中,常采取在大空间周围布置夹层的方式,达到利用空间及丰富室内空间的效果;图书馆中净高较高的阅览室内可以设置夹层,以增加书架、书库的使用面积;走道、门厅、楼梯的空间也可以有效地加以利用,由于走道一般较窄并主要用于交通,其净高可以比其他房间低,走廊上部空间可以作为设置通风、照明设备和铺设管线的空间。

①魏书华,李建华,孙玉涵,等.房屋建筑学[M].天津:天津大学出版社,2018.

第三章 建筑地基与墙体构造设计

第一节 地基的基础构造

一、基础的类型和构造

（一）基础的类型

基础的类型很多，划分方法也不尽相同。从基础的材料及受力来划分，可分为刚性基础（指用砖、灰土、混凝土、三合土等受压强度大而受拉强度小的刚性材料做成的基础）、柔性基础（指用钢筋混凝土制成的受压、受拉均较强的基础）。从基础的构造形式，可分为条形基础、独立基础、筏形基础、箱形基础、桩基础等。下面介绍几种常用基础的构造特点。

1.刚性基础（无筋扩展基础）

由于刚性材料的特点，这种基础只适合于受压而不适合于受弯、拉和剪力，因此基础剖面尺寸必须满足刚性条件的要求。一般砌体结构房屋的基础常采用刚性基础。

（1）灰土基础

灰土是经过消解后的生石灰和黏性土按一定的比例拌和而成，其配合比常用石灰∶黏性土是3∶7，俗称"三七"灰土。

灰土基础适合于5层和5层以下、地下水位较低的砌体结构房屋和墙体承重的工业厂房。灰土基础的厚度与建筑层数有关。4层及4层以上的建筑物，一般采用450mm；3层及3层以下的建筑物，一般采用300mm。夯实后的灰土厚度每150mm称"一步"，300mm可称为"两步"灰土。

灰土基础的优点是施工简便，造价较低，可以就地取材，节省水泥、砖石等材料。其缺点是它的抗冻性能、耐水性能差，在地下水位线以下或很潮湿的地基上不宜采用。

（2）砖基础

用作基础的砖，其强度等级必须在 MU7.5 以上，砂浆强度等级一般不低于 M5。基础墙的下部要做成阶梯形，以使上部的荷载能均匀地传到地基上。

砖基础施工简便，适应面广。阶梯放大的部分一般叫做"大放脚"。为了节省"大放脚"的材料，可在砖基础下部做灰土垫层，形成灰土砖基础（亦叫灰土基础）。

（3）毛石基础

毛石基础是指用开采下来未经雕琢成形的石块（称为毛石）和不小于 M5 的砂浆砌筑的基础。毛石形状不规则，其质量与码石块的技术和砌筑方法关系很大，一般应搭板满槽砌筑。毛石基础的厚度和台阶高度均不小于 100mm，当台阶多于两级时，每个台阶伸出宽度不宜大于 150mm。为便于砌筑上部砖墙，可在毛石基础的顶面浇铺一层 60mm 厚、C10 的混凝土找平层。毛石基础的优点是可以就地取材，但整体性欠佳，故有震动的房屋很少采用。

（4）三合土基础

这种基础是石灰砂碎砖等三种材料按 1:2:4 ~ 1:3:6 的体积比进行配合，然后在基槽内分层夯实，每层夯实前虚铺 220mm，夯实后净剩 150mm。三合土铺筑至设计标高后，在最后一遍夯打时，宜浇筑石灰浆，待表面灰浆略为风干后，再铺上一层砂子，最后整平夯实。这种基础在我国南方地区应用很广。它的造价低廉，施工简单，但强度较低，所以只能用于 4 层以下房屋的基础。

（5）混凝土基础

这是指用混凝土制作的基础。混凝土基础的优点是强度高，整体性好，不怕水。它适用于潮湿的地基或有水的基槽中，有阶梯形和锥形两种。

混凝土基础的厚度一般为 300mm ~ 500mm，混凝土标号为 C7.5 ~ C10。混凝土基础的宽高比为 1:1。

（6）毛石混凝土基础

为了节约水泥用量，对于体积较大的混凝土基础，可以在浇筑混凝土时加入 20% ~ 30% 的毛石，这种基础叫毛石混凝土基础。毛石的尺寸不宜超过300mm。当基础埋深较大时，也可用毛石混凝土做成台阶，每级台阶宽度不应小于400mm。如果地下水对普通水泥有侵蚀作用，则应采用矿渣水泥或火山灰水泥拌制混凝土。

2.柔性基础(非刚性基础)

柔性基础一般是指钢筋混凝土基础。这种基础的做法需要在基础底板下均匀浇筑一层素混凝土垫层，目的是保证基础钢筋和地基之间有足够的距离，以免钢筋锈蚀，而且还可以作为绑扎钢筋的工作面。垫层一般采用C7.5或C10素混凝土，厚度100mm。垫层两边应伸出底板各50mm。

钢筋混凝土基础由底板及基础墙(柱)组成。现浇底板是钢筋混凝土的主要受力结构，其厚度和配筋数量均由计算确定。基础底板的外形一般有锥形和阶梯形两种。

锥形基础可节约混凝土，但浇筑时不如阶梯形方便。钢筋混凝土基础应有一定的高度，以增加基础承受基础墙(柱)传递上部荷载所形成的一种冲切力，并节省钢筋用量。一般墙下条形基础底板边缘厚度不宜小于150mm；柱下锥形基础底部边缘厚度不宜小于200mm；阶梯形基础每级台阶厚度约为250mm～500mm。

钢筋混凝土柱下独立基础与柱子一起浇筑，也可以做成杯口形，将预制柱插入。杯形基础的杯底厚度应大于或等于220mm，杯壁厚约为150mm～200mm，杯口深度应大于或等于柱子长边加50mm，并大于或等于500mm。为了便于柱子的安装和浇筑细石混凝土，杯上口和柱边的距离为75mm，底部为50mm。杯底和杯口底之间一般留50mm的调整距离。施工时在杯口底及四周均用不小于C20的细石混凝土浇筑。

钢筋混凝土基础中的混凝土标号应不低于C15，受力钢筋一般用I级和II级钢筋，钢筋直径一般为8mm～10mm，间距为100mm～200mm。条形基础的受力钢筋仅在平行于槽宽方向放置，独立基础的受力钢筋应在两个方向垂直放置。受力钢筋的保护层，当有垫层时不宜小于35mm，无垫层时不宜小于70mm。

一般基础与柱子之间都要留施工缝，并设插铁。插铁伸出基础顶面的长度应满足锚固长度的要求。

3.其他类型的基础

（1）板式基础（满堂基础）

这是连片的钢筋混凝土基础，一般用于荷载集中、地基承载力差的情况。

（2）箱形基础

当板式基础埋深较深并有地下室时，一般采用箱形基础。箱形基础由底板、顶板和侧墙组成。这种基础整体性强，能承受很大的弯矩。

（二）基 础 埋 深

基础埋深由以下原则确定，它们分别是：

1.建筑物的特点及使用性质

建筑物的特点指的是多层建筑还是高层建筑，有无地下室、设备基础和地下设施。高层建筑的基础埋深约是地上建筑物总高的1/10，而多层建筑则依据土层分布、土壤承载力和地下水位及冻土深度来确定埋深尺寸。另外，当地面上有较多氢氧化钠、硫酸等腐蚀液体，基础埋置深度不宜小于1.5m，并且对基础作防护处理。[①]

2.地基土的好坏

土质好、承载力高的土层可以浅埋，土质差、承载力低的土层则应该深埋。当地基土层为均匀好土时，基础应尽量浅埋，但不得浅于500mm。当地基土层上层为软土且厚度在2m以内，下层为好土时，基础应埋在好土之下，既经济又可靠。当地基土层上层软土厚度在2m~5m时，低层荷载小的建筑在加强上部结构的整体性和加宽基础底面积后可以埋在软土层；高层荷载大的建筑则要将基础埋在好土上，保证安全。当地基土层上层软土厚度大于5m时，可做地基加固处理或者将基础埋在好土上。当地基土层上层为好土下层为软土时，应将基础埋在好土内，并提高基础底面积。当地基土层好土软土交替构成，荷载小的低层建筑尽量将基础埋在好土内，荷载大的建筑采用人工地基或者将基础埋在下层好土上。

3.地下水位的影响

土壤中地下水含量的多少对承载力的影响很大，一般应尽量将基础放在地下水位之上。这样做的好处是可以避免施工时排水，还可以防止或减

---

①刘勇，高景光，刘福臣，等．地基与基础工程施工技术[M]．郑州：黄河水利出版社，2018．

轻地基土的冻胀。

当地下水位较高时，应埋在全年最低地下水位以下，且不少于200mm，以免因水位变化使基础遭受浮力影响，同时应选择良好耐水性的材料，并做好防腐措施。

4.地基土冻胀和融沉的影响

土层的冻结深度由各地气候条件决定，如北京地区为0.8m~1m，哈尔滨则为2m。建筑物的基础若放在冻胀土上，冻胀力会把房屋拱起产生变形，解冻时又会产生陷落。一般应将基础的灰土垫层部分放在冻结深度以下。

5.相邻房屋或建筑物基础的影响

当新建房屋的基础埋深小于或等于邻近的原有房屋的基础埋深时，可不考虑相互影响；若新建房屋的基础埋深大于邻近的原有房屋的基础埋深时，应考虑相互影响。

6.连接不同基础埋深的影响

当建筑物要求基础的局部需要埋深时，深浅基础相交的地方需要采用台阶式落深。为了使基础开挖时不松动台阶土，台阶的踏步高度应小于或等于500mm，踏步的长度不应该小于2倍的踏步高度。

第二节 地下室的构造

一、地下室的分类

建筑物下部的空间叫地下室。

（一）按使用性质分类

1.普通地下室

普通的地下空间，一般按地下楼层进行设计。

2.人防地下室

有人民防空要求的地下空间，应能妥善解决紧急状态下的人员隐蔽与疏散，并应有保证人身安全的技术措施。

(二)按埋入地下深度分类

1.全地下室

指地下室地平面低于室外地平面的高度超过该房间净高的1/2。

2.半地下室

指地下室地平面低于室外地平面的高度超过该房间净高的1/3,且不超过1/2。

二、人防地下室的等级

人防地下室按其重要性分为六级(其中四级又分为4、4B两种),其区别在于指挥所的性质及人防的重要程度。

(一)一级人防

指中央一级的人防工事。

(二)二级人防

指省、直辖市二级的人防工事。

(三)三级人防

指县、区级及重要的通信枢纽一级的人防工事。

(四)四级人防

指医院、救护站及重要的工业企业的人防工事。

(五)五级人防

指普通建筑物下部的人员掩蔽工事。

(六)六级人防

指抗力为0.05MPa的人员掩蔽和物品贮存的人防工事。

人防地下室用以预防现代战争对人员造成的杀伤,主要预防冲击波、早期核辐射、化学毒气以及由上部建筑倒塌所产生的倒塌荷载。冲击波和倒塌荷载主要通过结构厚度来解决;早期核辐射应通过结构厚度及相应的密闭措施来解决;化学毒气应通过密闭措施及通风滤毒来解决。为解决上述问题,人防地下室的平面中应有防护室、防毒通道(前室)、通风滤毒室、洗消间及厕所等。为保证疏散,地下室的房间出口应不设门,而以空门洞为主。与外界联系的出入口应设置防护门、密闭门或防护密闭门。地下室的出入口应至少有两个。

其具体做法是一个与地上楼梯连通,另一个与人防通道或专用出口连接。为兼顾平时利用,做到平战结合,可在外墙上开采光窗并设置采光井。

三、人防地下室的组成及有关要求

(一)人防地下室的组成

人防地下室属于箱形基础的范围,其组成部分有顶板、底板、侧墙、门窗及楼梯等。

(二)人防地下室的空间高度

用作人员掩蔽的防空地下室的掩蔽面积标准应按 $1.0m^2$/人计算,室内地面至顶板底面高度不应低于2.2m,梁下净高不应低于2.0m。

(三)人防地下室的材料选择和厚度的确定

人防地下室各组成部分所用材料、强度等级及厚度详见表3-1和表3-2。

表3-1　材料强度等级

材料种类	钢筋混凝土		混凝土	砖	砂浆		料石
	独立桩	其他			砌筑	装配填缝	
强度等级	C30	C20	C15	MU10	M5	M10	MU30

注:①防空地下室结构不得采用硅酸盐和硅酸盐砌块。

②严寒地区,很潮湿的土应采用MU15砖,饱和土应采用MU20砖。

表3-2　结构构件最小厚度(单位:mm)

结构类别	材料种类		
	钢筋混凝土	砖砌体	料石砌体
顶板、中间楼板	200	—	—
承重外墙	200	490	300
承重内墙	200	370	300
非承重隔墙	—	240	—

注:①表中最小厚度不包括防早期核辐射结构厚度的要求。

②表中顶板最小厚度系指实心藏面,如为密肋板,其厚度不宜小于100mm。

（四）地下室的防潮与防水做法

地下室的防潮、防水做法取决于地下室地坪与地下水位的关系。

当设计最高地下水位低于地下室底板300mm～500mm，且地基范围内的土壤及回填土无形成上层滞水可能时，采用防潮做法。当设计最高地下水位高于地下室底板标高时，应采用防水做法。

1.防水做法

地下室防水做法的分级标准、选材、耐久年限等见表3-3。

表3-3 地下室防水工程设防表

名称	防水等级			
	一级	二级	三级	四级
建筑物类别	特别重要的民用建筑和对防水有特殊要求的工业建筑的地下室防水，如公共建筑、医院、餐厅、剧院、商店、机房、指挥工程等	重要的高层民用建筑地下室与重要的工业建筑地下室，如高层住宅、旅馆及重要的工业车间等	民用与工业建筑的地下室工程	非永久性民用建筑及工业建筑
防水耐久年限	25年	20年	15年	10年
设防要求	多道设防，其中必有一道钢筋混凝土结构自防水，另一道设柔性防水，还有一道采取其他防水措施	两道设防，其中有一道钢筋混凝土结构自防水，第二道设柔性防水	一道设防或两道设防，结构起抗水压作用，外做一道柔性防水层	一道设防，做一道外防水层
选材要求	（1）钢筋混凝土自防水一道（2）优先选一道合成高分子卷材（橡胶型）一层（3）增加其他防水措施，如架空层或夹壁墙等	（1）钢筋混凝土自防水一道（2）合成高分子卷材（橡胶型）一层，或高聚物改性沥青卷材防水	合成高分子卷材（橡胶）一层，或高聚物改性沥青卷材防水	高聚物改性沥青卷材防水

注：①各种防水材料有自己的规程，施工时必须按照规程施工。

②合成高分子卷材橡胶型一层防水厚度≥1.5mm。

③高聚物改性沥青卷材一层防水厚度≥4mm。

地下室设防的基本要求：

第一，地下室防水工程设计方案，应该遵循以防为主、以排为辅的基本原则，因地制宜，设计先进，防水可靠，经济合理。可按地下室防水工程设防表（表3-3）的要求进行设计。

第二，一般地下室防水工程设计，外墙主要起抗水压或自防水的作用，再做卷材外防水（即迎水面处理）。卷材防水做法应遵照国家有关规定施工。

第三，地下工程比较复杂，设计时必须了解地下土质、水质及地下水位情况，设计时采取有效设防，保证防水质量。

第四，地下室最高水位高于地下室地面时，地下室设计应该考虑整体钢筋混凝土结构，保证防水效果。

第五，地下室设防标高可以根据勘测资料提供的最高水位标高，再加上500mm确定，上部可以做防潮处理，有地表水按全防水地下室设计。

第六，根据实际情况，地下室防水可采用柔性防水或刚性防水，必要时可以采用刚柔结合的防水方案。在特殊要求下，可以采用架空、夹壁墙等多道设防方案。

第七，地下室外防水无工作面时，可采用外防内贴法，有条件时转为外防外贴法施工。

第八，地下室外防水层的保护，可以采取软保护层，如聚苯板等。

第九，对于特殊部位，如变形缝、施工缝、穿墙管、埋件等薄弱环节要精心设计，按要求做细部处理。

防水做法的选用材料，通常有以下四种。

（1）防水混凝土

①有普通防水混凝土和掺外加剂（如加气剂、减水剂、三乙醇胺、氯化铁防水剂、明矾石膨胀剂和U型混凝土膨胀剂等）防水混凝土两类，属刚性防水。②普通防水混凝土和掺防水剂混凝土有较好的防渗性能，但不能抗裂，因此在一定条件下能达到防水目的，为防止混凝土可能出现裂渗，必要时还应附加外包柔性防水层。③掺膨胀剂的补偿收缩混凝土不仅提高了防渗性能，而且有良好的抗裂性能，防水效果更好。其中U型混凝土膨

胀剂(简称 UEA)系国内目前正在推广应用的新材料,技术先进,性能优异。④掺 UEA 的防水混凝土适用于各种地下防水工程,具有结构自防水、做法简单、防水可靠、施工方便、经济耐久等优点,它还能适应任何形状复杂(如有桩基或有外伸地梁等)的工程,形成严密的整体防水结构,是其他外包式防水做法无法达到的。⑤在遭受剧烈震动、冲击和侵蚀性环境中(混凝土耐蚀系数小于0.8)应用时,应附加柔性防水层或附加防蚀性好的保护层。⑥采用防水混凝土,对结构强度、厚度、抗渗标号、配筋、保护层厚度、垫层、变形缝、施工缝等都有一定要求,应遵照专门的技术规定,并同结构专业的人员共同商定。

(2)卷材防水

①有沥青卷材和高分子卷材(三元乙丙橡胶卷材、三元乙丙/丁基橡胶卷材、氯化乙烯/橡胶共混卷材、再生胶丁苯胶卷材 SBS 卷材、APP 卷材等)。②属柔性防水,适用于结构会有微量变形的工程。③适用于抗一般地下水化学侵蚀,不宜用于地下水含矿物油或有机溶液处。④卷材防水层一般做在围护结构外侧(迎水面)并应连续铺贴形成整体,铺贴卷材的胶结材料应同选用卷材相适应,防水层的外侧应做保护层(一般砌砖墙或采用聚苯板)。⑤目前国内市场新型沥青防水卷材品种有200多种,形成了低、中、高的档次系列,由各种不同的胎基涂盖面料、覆面材料(用于屋面时)组成,应根据不同功能、不同用途、不同耐用年限、不同施工方法加以选用。

(3)涂料防水

①涂料种类有水乳型(普通乳化沥青、再生胶沥青、水性石棉厚质沥青、阴离子合成胶乳化沥青、阳离子氯丁胶乳化沥青)、溶剂型(再生胶沥青)和反应型(聚氨酯涂膜)。②能防止地下无压水(渗流水、毛细水等)及不大于1.5m 水头的静压水的侵入。③用于新建砖石或钢筋混凝土结构的迎水面(应用水泥砂浆找平或嵌平)作专用防水层,或新建防水混凝土结构在迎水面做附加防水层,以加强防水防腐能力;或在已建防水或防潮建筑外围结构的内侧,作为补漏措施。④不适用或慎用于含有油脂、汽油或其他能溶解涂料的地下环境。⑤涂料和基层须有良好黏结力,涂料层外侧应做保护层(砂浆或砖墙)。

防水涂料可采用外防外涂、外防内涂两种。

（4）水泥砂浆防水

①常用做法有多层普通水泥砂浆防水层及掺外加剂水泥砂浆防水层两种，属刚性防水。②适用于主体结构刚度较大，建筑物变形小及面积较小（不超过300m²）的工程。③不适用于有侵蚀性、有剧烈震动的工程。④一般条件下做内防水为好，地下水压较高时，宜增做外防水。防水层高度应高出室外地坪0.15m，但对钢筋混凝土内墙柱，可只高出地下室地面0.5m。

上述四种做法中，前两种做法应用较多。

2.防潮做法

一般仅考虑防止土壤毛细管水、地面水下渗而成的无压水渗透。

如为混凝土结构，即可起到自防潮作用，不必再做防潮处理；如为砖砌体结构，应做防潮层，可抹防水砂浆层或抹普通水泥砂浆外加防水涂料层。一般做在墙身外侧面，应同墙基水平防潮层相连接。对防潮要求高的工程，宜按防水做法设计。

（五）采光井的做法

考虑到地下室的平时利用，在采光窗的外侧一般设置采光井。一般每个窗子单独做一个，也可以将几个窗并在一起，中间用墙分开。最小宽度应不小于1000mm。

采光井由底板和侧墙构成。侧墙可以用砖墙或钢筋混凝土板墙制作，底板一般用钢筋混凝土浇筑而成。采光井底板应有1%～3%的坡度，把积存的雨水用钢筋水泥管或陶管引入地下管网。采光井的上部应有铸铁箅子或尼龙瓦盖，以防止人员、物品掉入采光井内。

（六）地下室的防火要求

民用建筑附建式或单独建造的地下室、半地下室的防火设计应符合相关防火规范要求。一般情况下应满足表3-4中的规定。

除上述对地下室、半地下室防火设计的部分要求外，还有许多特殊要求，限于篇幅，不一一陈述，用时查阅有关防火规范，其他防火要求同地面建筑，应遵照有关防火规范的相关条款执行。

表3-4　民用建筑附建式或单独建造的地下室半地下室防火设计一般要求

序号	项目名称	耐火等级	防火分区	安全出口	楼梯间
1	多层建筑附设的地下室、半地下室	不低于二级	最大允许面积为500m²	不少于两个	不应与地上层共用,用时,在出入口处应设标志
2	高层建筑附设的地下室、半地下室	应为一级	最大允许面积为2000m²	不少于两个:一个厅室的建筑面积大于50m²可设一个出口,并设火灾自动报警系统	不应与地上层共用,用时,在出入口处应设标志
3	地下汽车库	应为一级	最大允许面积为2000m²	不少于两个	不应与地上共用,用时,在出口处应设标志
4	人员密集的厅室	不应设在地下二层及二层以下,当设在地下一层时外出入口地坪高度不大于10mm,厅室的建筑面积不大于200m²并应有防排烟设施			
5	地下商店	营业厅不宜设在地下三层及三层以下,每层建筑地下商店每个防火分区最大允许建筑面积2000m²,商店总面积大于20000m²时,应设防火墙分隔			

第三节　墙体的设计以及分类

在一般砌体结构房屋中,墙体是主要的承重构件。墙体的重量占建筑物总重量的40%～45%,墙的造价约占全部建筑造价的30%～40%。在其他类型的建筑中,墙体可能是承重构件,也可能是围护构件,但它所占的造价比重也较大。了解墙体材料、结构方案及构造做法是十分重要的。

一、墙体的作用及分类

(一)墙体在建筑中的作用

1.承重作用

承受房屋的屋顶、楼层、人和设备的荷载,以及墙体自重、风荷载、地震荷载等。

2. 围护作用

抵御自然界风、雪、雨等的侵袭,防止太阳辐射和噪声的干扰等。

3. 分隔作用

墙体可以把房间分隔成若干个小空间或小房间。

4. 装饰作用

装饰墙面,满足室内外装饰及使用功能要求,对整个建筑物的装饰效果作用很大。

(二)墙体的分类

墙体的分类方法很多,大体有从材料方面、从墙体位置方面、从受力特点方面几种分类方法,下面分别介绍。

1. 按材料分类

(1)砖墙

用作墙体的砖有普通黏土砖、黏土多孔砖、黏土空心砖、灰砂砖、焦渣砖等。黏土砖用黏土烧制而成,有红砖、青砖之分;灰砂砖用30%的石灰和70%的砂子压制而成;黏土多孔砖有圆孔和方孔之分,空欧率在30%左右;焦渣砖用高炉硬矿渣和石灰蒸养而成。砖块之间用砌筑砂浆黏接而成。

(2)加气混凝土砌块墙

加气混凝土是一种轻质材料,其成分是水泥、砂子、磨细矿渣、粉煤灰等,用铝粉作发泡剂,经蒸养而成。加气混凝土具有表观密度轻、可切制、隔音、保温性能好等特点。这种材料多用于非承重的隔墙及框架结构的填充墙。

(3)石材墙

石材是一种天然材料,石材墙主要用于山区和产石地区。它分为乱石墙、整石墙和包石墙等。

(4)板材墙

板材以钢筋混凝土板材、加气混凝土板材为主,玻璃幕墙亦属此类。

2. 按所在位置分类

墙体按所在位置不同一般分为外墙及内墙两大部分,每部分又各有纵、横两个方向,这样共形成四种墙体,即纵向外墙、横向外墙(又称山墙)、纵向内墙、横向内墙。

当楼板支承在横向墙上时,称为横墙承重,这种做法多用于横墙较多的建筑,如住宅、宿舍、办公楼等;当楼板支承在纵向墙上时,称为纵墙承重,这种做法多用于纵墙较多的建筑,如中小学等;当一部分楼板支承在纵向墙上,另一部分楼板支承在横向墙上时,称为混合承重,这种做法多用于中间有走廊或一侧有走廊的办公楼。

3.按受力特点分类

(1)承重墙

它承受屋顶和楼板等构件传下来的垂直荷载和风力地震力等水平荷载。由于承重墙所处的位置不同,又分为承重内墙和承重外墙。墙下有条形基础。

(2)承自重墙

只承受墙体自身重量而不承受屋顶、楼板等垂直荷载。墙下亦有条形基础。

(3)围护墙

它起着防风、雪、雨的侵袭和保温、隔热、隔声、防水等作用。它对保证房间内具有良好的生活环境和工作条件关系很大。墙体重量由梁承受并传给柱子或基础。

(4)隔墙

它起着将大房间分隔为若干小房间的作用。隔墙应满足隔声的要求,这种墙不做基础。

4.按构造做法分类

(1)实心墙

单一材料(砖石块、混凝土和钢筋混凝土等)和复合材料(钢筋混凝土与加气混凝土分层复合、黏土砖与焦渣分层复合等)砌筑的不留空隙的墙体。

(2)黏土空心砖墙

这种墙体使用的黏土空心砖和普通黏土砖的烧结方法一样。这种黏土空心砖的竖向孔洞虽然减少了砖的承压面积,但是砖的厚度增加,砖的承重能力与普通砖相比还略有增加。表观密度为 $1350kg/m^2$(普通黏土砖的表观密度为 $1800kg/m^2$)。由于有竖向孔隙,所以保温能力有所提高,这是由于空隙是静止的空气层所致。试验证明,190mm 空心砖墙的保温能力与240mm普通砖墙的保温能力相当。黏土空心砖主要用于框架结构的外围护墙。近期在工程中广泛采用的陶粒空心砖也是一种较好的围护墙材料。

（3）空斗墙

空斗墙在我国民间流传已久。这种墙体的材料是普通黏土砖，它的砌筑方法为竖放与平放相配合，砖竖放叫斗砖，平放叫眠砖。

无眠空斗墙。这种墙体均由立放的砖砌合而成。同一皮上有斗有丁，丁砖作为横向拉结之用，墙身内的空气间层上下连通。这种墙体的稳定性较差。

有眠空斗墙。这种墙体既有立放的砖，又有水平放置的砖。砌筑时，隔一皮或几皮加一皮眠砖。这种墙体的拉结性能好。

空斗墙在靠近勒脚、墙角、洞口和直接承受梁板压力的部位都应该砌筑实心砖墙，以保证拉结质量。空斗墙不宜在抗震设防地区使用。

（4）复合墙

多用于居住建筑，也可用于托儿所、幼儿园、医疗等小型公共建筑。这种墙体的承重结构为黏土砖或钢筋混凝土，其内侧或外侧复合轻质保温板材，常用材料有充气石膏板（表观密度≤510kg/m³）、水泥聚苯板（表观密度280kg/m³～320kg/m³）、黏土珍珠岩（表观密度360kg/m³～400kg/m³）、纸面石膏聚苯复合板（表观密度870kg/m³～970kg/m³）、纸面石膏岩棉复合板（表观密度930kg/m³～1030kg/m³）、纸面石膏玻璃复合板（表观密度882kg/m³～982kg/m³）、无纸石膏聚苯复合板（表观密度870kg/m³～970kg/m³）、纸面石膏聚苯板（表观密度870kg/m³～970kg/m³）。

承重结构采用黏土砖墙时，其厚度为180mm或240mm；采用黏土多孔砖墙时，其厚度为190mm～240mm；采用钢筋混凝土墙时，其厚度为200mm或250mm。保温板材的厚度为50mm～90mm，若做空气间层时，其厚度不宜超过60mm。[①]

这种保温墙体的热阻值指标为0.70W/(m²·K)～0.81W/(m²·K)，比《严寒和寒冷地区居住节能设计标准》（JGJ 26-2010）中要求的数值高15%左右，完全满足节能要求。

---

① 陈忠范，范圣刚，谢军. 高层建筑结构设计[M]. 南京：东南大学出版社，2016.

（5）幕墙

幕墙按其构造分为框式幕墙和点支式幕墙。按材料可分为：①玻璃幕墙，有明框幕墙、隐框幕墙、半隐框幕墙、全玻璃幕墙及点支幕墙等；②金属幕墙，有单层铝板、蜂窝铝板、铝塑复合板、彩色钢板、不锈钢及珐琅板等；③非金属板幕墙，有石材蜂窝板、树脂纤维板等。不同幕墙构造有差异，造价相差悬殊，需根据具体条件确定其构造和材料。

（三）墙体的厚度

1.砖墙

实心砖墙的厚度以我国标准黏土砖的长度为单位，我国现行黏土砖的规格是240mm×115mm×53mm（长×宽×厚），连同灰缝厚度10mm在内，砖的规格形成长：宽：厚=1：0.5：0.25的关系。同时在1m长的砌体中有4个砖长、8个砖宽、16个砖厚，这样在1m³的砌体中的用砖量为4×8×16=512块，用砂浆量为0.26m³。

现行墙体厚度用砖长作为确定依据，常用的有以下几种：

（1）半砖墙

图纸标注为120mm，实际厚度为115mm。

（2）砖墙

图纸标注为240mm，实际厚度为240mm。

（3）一砖半墙

图纸标注为360（370）mm，实际厚度为365mm。

（4）二砖墙

图纸标注为490mm，实际厚度为490mm。

（5）3/4砖墙

图纸标注为180mm，实际厚度为178mm。

2.其他墙体

其他墙体，如钢筋混凝土板墙、加气混凝土墙体等均应符合模数的规定。钢筋混凝土板墙用作承重墙时，其厚度为160mm～200mm；用作隔断墙时，其厚度为50mm。加气混凝土墙体用作外围护墙时常取200mm～250mm，用作隔断墙时，常取100mm～150mm。

(四)墙体的砌合

砖墙的砌合是指砖块在砌体中的排列组合方法。砖墙在砌合时,应满足横平竖直、砂浆饱满、错缝搭接、避免通缝等基本要求,以保证墙体的强度和稳定性。常见的墙体砌合方式有:

1.一顺一丁式

这种砌法是一层砌顺砖、一层砌丁砖,相间排列,重复组合。在转角部位要加设3/4砖(俗称七分头)进行过渡。这种砌法的特点是搭接好、无通缝、整体性强,因而应用较广。

2.全顺式

这种砌法每皮均为顺砖组砌。上下皮左右搭接为半砖,它仅适用于半砖墙。

3.顺丁相间式

这种砌法是由顺砖和丁砖相间铺砌而成。这种砌法的墙厚至少为一砖墙,它整体性好,且墙面美观。

4.多顺一丁式

这种砌法通常有三顺一丁和五顺一丁之分,其做法是每隔三皮顺砖或五皮顺砖加砌一皮丁砖相间叠砌而成。多顺一丁砌法的问题是存在通缝。

确定砖墙的厚度要考虑以下因素:

(1)砖的规格

普通黏土砖墙厚度按照半砖的倍数来确定。常见的有半砖墙、一砖墙、一砖半墙、两砖墙等,其相应尺寸为115mm,240mm,365mm,490mm等。

(2)砖墙的承载

一般来说,承载能力越大,稳定性越好,有效限制距的距离越大,稳定性越差。有效限制距是指墙体四周可以用来支撑的结构。

二、墙体的设计要求

总体来说,墙体应满足以下几点设计要求:具有足够的强度和稳定性;满足热工方面(保温、隔热、防止产生凝结水)的性能;具有一定的隔声性能;具有一定的防火性能;合理选择墙体材料、减轻自重、降低造价;适应工业化的发展需要。具体要求如下:

（一）结 构 要 求

结构要求主要表现在强度和稳定性两个方面。

1.强度

砖墙的强度多采用验算的方法进行。砖墙的强度实质上是砖砌体的抗压强度,它取决于砖和砂浆的材料强度等级。《砌体结构设计规范》(GB 50003-2011)中规定,砖的材料强度等级有 MU30(300 MPa),MU25(250 MPa),MU20(200 MPa),MU15(150 MPa)和 MU10(100 MPa)。砌筑砂浆的强度等级有 M15(150 MPa),M10(100 MPa),M7.5(75 MPa),M5(50 MPa)和 M2.5(25 MPa)。实心砖和多孔砖砌体的抗压强度设计值详见表3-5。

表3-5 实心砖和多孔砖砌体的抗压强度设计值(单位:MPa)

砖的强度等级	砂浆的强度等级					砂浆强度
	M15	M10	M7.5	M5	M2.5	0
MU30	3.94	3.27	2.93	2.69	2.26	1.15
MU25	3.60	2.98	2.68	2.37	2.06	1.05
MU20	3.22	2.67	2.39	2.12	1.84	0.94
MU15	2.79	2.31	2.07	1.83	1.60	0.82
MU10	—	1.99	1.69	1.50	1.30	0.67

提高受压构件承载力的方法有两种:

(1)加大截面面积或加大墙厚

这种方法虽然可取,但不一定经常采用。工程实践表明,240mm厚的砖墙是可以保证20m高建筑(相当于住宅六层)的承载要求的。

(2)提高砌体抗压强度的设计值

这种方法是采用同一墙体厚度,在不同部位通过改变砖和砂浆的强度等级来达到满足承载要求的目的。

2.稳定性

砖墙的稳定性一般采取验算高厚比的方法进行,砂浆强度等级愈高,则允许高厚比愈大。提高砖墙稳定性可以降低墙、柱高度或加大墙厚、加大柱子断面。

（二）保 温 与 节 能 要 求

墙体的保温因素主要表现在墙体阻止热量传出的能力与防止在墙体表面和内部产生凝结水的能力两大方面,在建筑物理学上属于建筑热工设计部分,一般应以《民用建筑热工设计规范》(GB 50176-2016)为准。这里介绍一些基本知识。

1.建筑热工设计分区及要求

目前,全国划分为五个建筑热工设计分区。

(1)严寒地区

累年最冷月平均温度低于或等于零下10℃的地区。如黑龙江和内蒙古的大部分地区。这类地区应加强建筑物的防寒措施,不考虑夏季防热。

(2)寒冷地区

累年最冷月平均温度高于零下10℃、小于或等于0℃的地区,如东北地区的吉林、辽宁,华北地区的山西、河北、北京、天津及内蒙古的部分地区。这类地区应以满足冬季保温设计要求为主,适当兼顾夏季防热。

(3)夏热冬冷地区

累年最冷月平均温度为0～10℃,最热月平均温度为25～30℃。如陕西、安徽、江苏南部、广西、广东、福建北部地区。这类地区必须满足夏季防热要求,适当兼顾冬季保温。

(4)夏热冬暖地区

累年最冷月平均温度高于10℃,最热月平均温度为25～29℃。如广东、广西、福建南部地区和海南省。这类地区必须充分满足夏季防热要求,一般不考虑冬季保温。

(5)温和地区

累年最冷月平均温度为0～13℃,最热月平均温度为18～23℃。如云南全省和四川、贵州的部分地区。这类地区的部分地区应考虑冬季保温,一般不考虑夏季防热。

2.冬季保温设计要求

第一,建筑物宜设在避风、向阳地段,尽量争取主要房间有较多日照。

第二,建筑物的外表面积与其包围的体积之比(体型系数)应尽可能小,平、立面不宜出现过多的凹凸面。

第三,室温要求相近的房间宜集中布置。

第四,严寒地区居住建筑不应设冷外廊和开敞式楼梯间;公共建筑主入口处应设置转门、热风幕等避风设施。寒冷地区居住建筑和公共建筑宜设置门斗。

　　第五,严寒和寒冷地区北向窗户的面积应予控制,其他朝向的窗户面积不宜过大。应尽量减少窗户缝隙长度,并加强窗户的密闭性。

　　第六,严寒和寒冷地区的外墙和屋顶应进行保温验算,保证不低于所在地区要求的总热阻值。

　　第七,热桥部分(主要传热渠道)通过保温验算,并做适当的保温处理。

3.夏季防热设计要求

　　第一,建筑物的夏季防热应采取环境绿化、自然通风、建筑遮阳和围护结构隔热等综合性措施。

　　第二,建筑物的总体布置,单体的平、剖面设计和门窗的设置,应有利于自然通风,并尽量避免主要使用房间受东、西日晒。

　　第三,南向房间可利用上层阳台、凹廊、外廊等达到遮阳目的,东、西向房间可适当采用固定式或活动式遮阳设施。

　　第四,屋顶、东西外墙的内表面温度应通过验算,保证满足隔热设计标准要求。

　　第五,为防止潮霉季节地面泛潮,底层地面宜采用架空做法,地面层宜选用微孔吸声材料。

4.传热系数与热阻

　　众所周知,热量通常由围护结构的高温一侧向低温一侧传递。散热量的多少与围护结构的传热面积、传热时间、内表面与外表面的温度差有关。

(1)传热系数

　　传热系数K表示围护结构的不同厚度、不同材料的传热性能。总传热系数 K_0 由吸热、传热和放热三个系数组成,其数值为三个系数之和。这三个系数中的吸热系数和放热系数为常数,传热系数与材料的导热系数A成正比,与材料的厚度δ成反比,即 $K=\lambda/\delta$。其中λ值与材料的密度和孔隙率有关。密度大的材料,导热系数也大,如砖砌体的导热系数为0.81W/(m·K),钢筋混凝土的导热系数为1.74W/(m·K)。孔隙率大的材料,导热系数则小,如加气混凝土导热系数为0.22W/(m·K),膨胀珍珠岩的导热系数为0.07W/(m·K)。导热系数在0.23W/(m·K)及0.23W/(m·K)以下的材料叫保温材料。传热系数愈小,则围护结构的保温能力愈强。

(2)热阻

传热阻 R 表示围护结构阻止热流传播的能力。总传热阻 R_0 由吸热阻（内表面换热阻）R_i、传热阻 R 和放热阻（外表面换热阻）R_e 三部分组成。其中 R_i 和 R_e 为常数，R 与材料的导热系数 λ 成反比，与围护结构的厚度 δ 成正比，即 R=1/K=δ/λ。热阻值愈大，则围护结构的保温能力愈强。

5.窗子面积和层数的确定

在围护结构上开窗面积不宜过大，否则热损失将会很大。窗子和阳台门的总热阻值应符合表3-6的规定。

表3-6　窗子和阳台门的总热阻值［单位：$(m^2 \cdot K)/W$］

窗子和阳台门的类型	总热阻 R_0	窗子和阳台门的类型	总热阻 R_0
单层木窗	0.172	双层金属窗	0,307
双层木窗	0.344	双层玻璃、单层窗	0.287
单层金属窗	0,156	商店橱窗	0.215

严寒地区的各向窗子，R_0 必须大于或等于 $0.307(m^2 \cdot K)/W$，因而必须采用双层木窗或双层钢窗。寒冷地区除北向窗外，R 必须大于或等于 $0.156(m^2 \cdot K)/W$（单层钢窗或单层木窗），北向窗 R_0 必须大于或等于 $0.307(m^2 \cdot K)/W$（双层钢窗或双层木窗）。

居住建筑各朝向的窗墙面积比应符合以下规定：北向不大于0.25，东、西向不大于0.30，南向不大于0.35。窗子的气密性必须良好，一般在两侧空气压差为10Pa的情况下，窗子的空气渗透量在低层和多层需 $\leqslant 4.0m^2/(m \cdot h)$，在高层和中高层需 $\leqslant 2.5m^2/(m \cdot h)$。若达不到要求，应加强气密措施。

6.围护结构的蒸汽渗透

围护结构在内表面或外表面产生凝结水现象是由于水蒸气渗透遇冷所致。由于冬季室内空气温度和绝对湿度都比室外高，因此，在围护结构的两侧存在着水蒸气分压力差，水蒸气分子由压力高的一侧向压力低的一侧扩散，这种现象叫蒸汽渗透。

材料遇水后，导热系数增大，保温能力会大大降低。为避免凝结水的产生，一般采取控制室内相对湿度和提高围护结构热阻的办法解决。

室内相对湿度是空气的水蒸气分压力与最大水蒸气分压力的比值。一般以30%～40%为极限，住宅建筑的相对湿度以40%～50%为佳。

7.围护结构的保温构造

为了满足墙体的保温要求,在寒冷地区外墙的厚度与做法应由热工计算确定。采用单一材料的墙体,其厚度应由计算确定,并按模数要求统一尺寸。

为减轻墙体自重,可以采用夹心墙体、带有空气间层的墙体及外贴保温材料的做法。值得注意的是,外贴保温材料以布置在围护结构靠低温的一侧为好,而将表观密度大、蓄热系数也大的材料布置在靠高温的一侧为佳。这是因为保温材料表观密度小、孔隙多,其导热系数小,则每小时所能吸收或散出的热量也少。而蓄热系数大的材料布置在内侧,就会使外表面材料的热量变化对内表面温度的影响甚微,因而保温能力较强。

当前应用较多的是外墙内保温做法:①用饰面石膏聚苯板做内保温;②用纸面石膏聚苯复合板做内保温;③用黏土珍珠岩保温砖做内保温;④用充气石膏板、无纸石膏聚苯复合板做内保温。

外墙内保温做法除上述几种外,还可以采用建设部的推荐做法,它们是:

(1)HT-800复合硅酸盐保温材料

HT-800复合硅酸盐保温材料是以精选的海泡石、硅酸盐纤维为原料,多种优质轻体无机矿物为填料,经细纤化、扩散膨胀、混溶、黏接等多种工艺复合而成。这种材料的外观呈灰白色黏稠纤维膏状体,无结状,其导热系数只有 $0.036W/(m \cdot K) \sim 0.042W/(m \cdot K)$,是一种保温性能较好的材料。

(2)ZL复合硅酸盐聚苯颗粒保温浆料

ZL复合硅酸盐聚苯颗粒保温浆料是新型建筑墙体保温材料。该材料采用预混合干拌技术,由复合硅酸盐胶粉料和聚苯颗粒组成。先将多种硅酸盐及其他材料按照一定比例在工厂进行预混合,形成胶粉料,在工地只需将聚苯颗粒、胶粉料、水按固定的比例混合,即可采用抹灰工艺进行施工。该产品与其他防护面层材料配套使用能够满足建筑节能50%的要求,适合在各种建筑物的基层墙体上施工。

内墙饰面做法可选用下列产品:

①弹性涂料。有较强的延伸性能,涂在面层上可做出薄厚各异、形状不一的装饰图案,又具有良好的抗裂、防水、耐候性能。

②反射太阳能隔热涂料。主要用于南方有空调的居住建筑内墙和屋顶,可降低日照产生的燥热;也可用于粮库、油罐,冷库等外墙面。

确定外墙内保温的保温层厚度,要根据民用住宅建筑节能设计"实施细则"的要求进行。在北京地区,当建筑物的体型系数≤0.3时,墙体的传热系数为1.16W/(m²·K)。例如,在200mm厚的钢筋混凝土墙上抹45mm厚的保温浆料,现场实测传热系数为0.91W/(m²·K),平均传热系数为1.13W/(m²·K)。

当体型系数大于0.3时,根据"实施细则"按表3-7选择保温层厚度。

表3-7　体型系数大于0.3的建筑物外墙内保温的保温层厚度

体型系数＞0.3			
选用窗型	窗传热系数[W/(m²·K)]	细则规定墙体传热系数[W/(m²·K)]	厚度(mm)	墙体达到传热系数[W/(m²·K)]
铝合金双玻	4	0.82	60	0.77
双玻35钢窗	3.2	1.03	50	0.89
塑钢窗双玻	2.4	1.16	45	0.91

注:体型系数是建筑物与室外大气接触的外表面积与其所包围的体积的比值。外表面积中不包括地面和不采暖楼梯间隔墙和户门的面积。

8.围护结构的外保温构造

围护结构外保温墙体的选材基本上同于内保温墙体,但其厚度及构造做法略有不同。

9.墙体的节能要求

随着建筑节能技术的进步,通过新建和技术改造,已初步形成建筑保温、密封、热表、采暖调节控制等新兴建筑节能产业部门,使建筑工业产业结构趋于科学合理,以满足建筑节能事业大发展的需要。

目前,可以根据当地条件推广的建筑节能技术有:

(1)外墙内保温技术

多种内保温复合墙体已在节能工程中广泛应用。应选用性价比较好、表面不致产生裂缝的技术。用KF嵌缝腻子及玻璃纤维网带做板间嵌缝处理,可以避免裂缝,也可用网布加强的饰面石膏做面层的聚苯板保温。

（2）空心砖墙及其复合墙体技术

空心砖墙的保温效果优于实心砖墙,且节约制砖能耗。如果再与高效保温材料复合,节能效果更佳。

（3）加气混凝土技术

加气混凝土导热系数较低,宜推广应用于框架填充墙及低层建筑承重墙。在确保砌块耐久性的条件下,也可作多层建筑外墙使用。

（4）混凝土轻质砌块墙体技术

利用当地出产的浮石、火山渣及其他轻骨料或工业废料生产多排孔轻质砌块,用保温砂浆砌筑,有节能、节地效果。

（三）抗震要求

砌体结构的抗震构造应以《建筑抗震设计规范》(GB 50011-2010)的有关规定为准。这些规定又大多与墙身做法有关,概括起来有以下四个方面。

1.一般规定

（1）限制房屋总高度和层数

砌体结构房屋的总高度和层数应以表3-8为准。表3-8中的层高,黏土砖不宜超过4m,各种砌块不宜超过3.6m。

（2）限制建筑体型（高宽比）

限制建筑体型（高宽比）可以减少过大的侧移,保证建筑的稳定。砌体结构房屋总高度与总宽度的最大比值应符合表3-9的有关规定。

表3-8 房屋抗震横墙最大间距（单位:m）

房屋类别		烈度			
		6	7	8	9
多层砌体	现浇或装配整体式钢筋混凝土楼、屋盖	18	18	15	11
	装配式钢筋混凝土楼、屋盖	15	15	11	7
	木楼、屋盖	11	11	7	4

表3-9 房屋的细部尺寸限值（单位:m）

部位	烈度			
	6	7	8	9
承重窗间墙最小宽度	1.0	1.0	1.2	1.5
承重外墙尽端至门窗洞边的最小距离	1.0	1.0	1.5	2.0

非承重外墙尽端至门窗洞边的最小距离	1.0	1.0	1.0	1.0
内墙阳角至门窗洞边的最小距离	1.0	1.0	1.5	2.0
无锚固女儿墙(非出入口处)的最大高度	0.5	0.5	0.5	—

2.增设圈梁

圈梁的作用是增强楼层平面的整体刚度,防止地基不均匀下沉并与构造柱一起形成骨架,提高抗震能力。

(1)圈梁的种类

在砌体结构中,圈梁常采用以下两种做法:

砖配筋圈梁。这种圈梁是在楼层标高的墙身上,在砌体中加入钢筋。加人原则是:梁高4皮~6皮砖,钢筋不宜少于4ϕ6,钢筋水平间距不宜大于120mm,砂浆强度等级不宜低于M5,钢筋应分上下两层布置。

现浇钢筋混凝土圈梁。这是在施工现场支模,绑钢筋并浇筑混凝土形成的圈梁。

(2)钢筋混凝土圈梁的设置原则(表3-10)

表3-10 钢筋混凝土圈梁的设置原则

圈梁设置及配筋		设计烈度		
		6、7度	8度	9度
圈梁设置	沿外墙及内纵墙	屋盖处及每层楼层处	屋盖处及每层楼盖处	屋盖处及每层楼盖处
	沿内横墙	同上,屋盖处间距不大于7m,楼盖处间距不大于15m,构造柱对应部位	同上,屋盖处沿所有横墙且间距不大于7m,楼层处间距不大于7m,构造柱对应部位	同上,各层所有横墙
配筋		4ϕ10,ϕ6@250	4ϕ12,ϕ6@200	4ϕ14,ϕ6@150

(3)钢筋混凝土圈梁的有关问题

钢筋混凝土圈梁的宽度宜与墙厚相同,当墙厚为一砖半时(365mm),其宽度可为墙厚的2/3,高度不应小于两皮砖(120mm)。

钢筋混凝土圈梁在墙身上的位置应考虑充分发挥作用并满足最小断面尺寸。外墙圈梁一般与楼板相平,内墙圈梁一般在板下。

钢筋混凝土圈梁被门窗洞口截断时,应在洞口上部增设相同截面的附加圈梁。附加圈梁与圈梁的搭接长度不应小于其垂直间距的两倍,并不小于1m。

3.增设构造柱

构造柱的作用是与圈梁一起形成墙体内部的骨架,增强建筑物的延性,提高抗震能力。

(1)构造柱的主要数据

构造柱的最小断面为240mm×180mm,经常采用240mm×240mm,240mm×300mm和240mm×360mm。最少配筋为:主筋4φ12(边角部位为4~14),箍筋为φ6@200mm。

(1)构造柱的构造要点

施工时,应先放钢筋骨架,再砌砖墙,最后浇筑混凝土。这样做的好处是结合牢固、节省模板。

构造柱两侧的墙体应按"五进五退",留马牙槎,即每300mm高伸出60mm,每300mm高再收回60mm。构造柱靠外侧应留有180mm厚的保护墙。

构造柱的下部应伸入地梁内,无地梁时应伸入室外地坪下500mm处,构造柱的上部应伸入顶层圈梁,以形成封闭的骨架。

为加强构造柱与墙体的连接,应沿柱高每8皮~10皮砖(相当于500mm~620mm)放φ6钢筋(按墙厚每120mm加一根),且每边伸入墙内不少于1m或至洞口边。

每层楼面的上下各500mm~700mm处为箍筋加密区,其间距加密至100mm(角柱全高均加密)。

(3)后砌砖墙与先砌墙体的拉结

砌体结构中的隔墙大多为后砌砖墙。在与先砌墙体连接时,应在先砌墙体内加设拉结钢筋。其具体做法是上下间距每8皮砖(相当于500mm)加设2φ6钢筋,并在先砌墙体内预留凸槎(每5皮砖凸出一块),伸出墙面60mm。钢筋伸入隔墙长度应不小于500mm。8度和9度设防时,对长度超过5.1m的后砌砖墙,在其顶部还应与楼板作拉结。

4.隔声要求

为了避免室外和相邻房间的噪声影响,墙体必须有一定的厚度。实践证明,重而密实的材料是很好的隔声材料。但是,用增加墙体厚度的办法达到隔声效果是不合理的。在工程实践中,除外墙外,一般用带空心层的隔墙或轻质隔墙来满足隔声要求。

(1)墙体隔声的等级标准

(2)噪声的声源

噪声的声源包括街道噪声、工厂噪声、建筑物内噪声等多方面。

(3)允许的噪声标准

(4)墙体的隔声标准

(5)门窗的隔声量

(6)隔声构造

隔除噪声的方法包括采用实体结构、增设隔声材料和加做空气层等几个方面。

①采用实体结构隔声。构件材料的表观密度越大,其隔声效果就越好。例如,双面抹灰的1/4砖墙,空气隔声量平均值为32dB;双面抹灰的1/2砖墙,空气隔声量平均值为45dB;双面抹灰的一砖墙,空气隔声量为48dB。另外,构件材料越密实,其隔声效果也越好。

②采用隔声材料隔声。隔声材料指的是玻璃棉毡、轻质纤维板等材料,一般放在靠近声源的一侧。

③采用空气层隔声。夹层墙可以提高隔声效果,中间空气层的厚度以80mm ~ 100mm为宜。

三、墙体的设计

(一)墙身的细部构造

墙身的细部构造一般指在墙身上的细部做法,其中包括防潮层、勒脚、散水、明沟、踢脚、窗台、过梁、窗套腰线、檐部、烟道、通风道等。本节以实心黏土砖为主。

1.防潮层

在墙身中设置防潮层的目的是防止土壤中的水分沿基础墙上升和勒脚部位的地面水影响墙身。它的作用是提高建筑物的耐久性,保持室内干燥卫生。防潮层的具体做法是:高度应在室内地坪与室外地坪之间,标高多为 - 0.06m ~ - 0.07m,以地面垫层中部最为理想。防潮层的材料有:

（1）防水砂浆防潮层

一种做法是抹一层20mm厚的1∶3水泥砂浆加5%防水粉拌和而成的防水砂浆。另一种做法是用防水砂浆砌筑4皮~6皮砖,位置在室内地坪上下。

（2）油毡防潮层

在防潮层部位先抹20mm厚的砂浆找平层,然后干铺油毡一层或用热沥青粘贴一毡二油。油毡的宽度应与墙厚一致,或稍大一些。油毡沿长度铺设,搭接长度应不小于100mm。油毡防潮较好,但使基础墙和上部墙身断开,减弱了砖墙的抗震能力。

（3）混凝土防潮层

由于混凝土本身具有一定的防水性能,常把防水要求和结构做法合并考虑。即在室内外地坪之间浇筑60mm厚的混凝土地梁防潮层,内放3φ6、φ4@250钢筋。

2.勒脚

外墙墙身下部靠近室外地坪的部分叫勒脚。勒脚的作用是防止地面水、屋檐滴下的雨水的侵蚀,从而保护墙面,保证室内干燥,提高建筑物的耐久性;同时还有美化建筑外观的作用。勒脚经常采用抹水泥砂浆、水刷石或加大墙厚的办法做成。勒脚的高度一般为室内地坪与室外地坪之高差。也可以根据立面的需要而提高勒脚的高度尺寸。

3.散水与明沟

散水指的是靠近勒脚下部的排水坡,明沟是靠近勒脚下部设置的排水沟。它们的作用都是为了迅速排除从屋檐滴下的雨水,防止因积水渗入地基而造成建筑物的下沉。散水的宽度应稍大于屋檐的挑出尺寸,且不应小于600mm。散水坡度一般在5%左右,外缘高出室外地坪20mm~50mm较好。散水的常用材料为混凝土、砖、炉渣等。

明沟是将积水通过明沟引向下水道,一般在年降雨量为900mm以上的地区才选用。沟宽一般在200mm左右,沟底应有0.5%左右的纵坡。明沟的材料可以用砖、混凝土等。

4.踢脚

踢脚是外墙内侧或内墙两侧的下部和室内地坪交接处的构造,目的是防止扫地时污染墙面。踢脚的高度一般在120mm~150mm。常用的材料有水泥砂浆、水磨石、木材、缸砖、油漆等,选用时一般应与地面材料一致。

5.窗台

窗洞口的下部应设置窗台。窗台根据窗子的安装位置可形成内窗台和外窗台。外窗台是为了防止在窗洞底部积水,并流向室内;内窗台则是为了排除窗上的凝结水,以保护室内墙面,及存放东西、摆放花盆等。

窗台的底面檐口处应做成锐角形或半圆凹槽(叫"滴水"),以便于排水,减少对墙面的污染。

(1)外窗台的做法

砖窗台。砖窗台应用较广,有平砌挑砖和立砌挑砖两种做法。表面可抹1:3水泥砂浆,并应有10%左右的坡度。挑出尺寸大多为60mm。

混凝土窗台。这种窗台一般是现场浇筑而成。

(2)内窗台的做法

水泥砂浆抹窗台。一般是在窗台上表面抹20mm厚的水泥砂浆,并应突出墙面5mm为好。窗台板。对于装修要求较高而且窗台下设置暖气片的房间,一般均采用窗台板。窗台板可以用预制水泥板或水磨石板。装修要求特别高的房间还可以采用木窗台板。

6.过梁

为承受门窗洞口上部的荷载,并把它传到门窗两侧的墙上,以免门窗框被压坏或变形,所以在其上部要加设过梁。过梁上的荷载一般呈三角形分布,为计算方便,可以把三角形折算成1/3洞口宽度,过梁只承受其上部1/3洞口宽度的荷载,因而过梁的断面不大,梁内配筋也较少。过梁一般分为钢筋混凝土过梁砖拱过梁、钢筋砖过梁等几种。

(1)预制钢筋混凝土过梁

预制钢筋混凝土过梁是应用比较普遍的一种过梁。下面以北方地区预制过梁为例进行介绍。北方地区的过梁分为三种截面、三种荷载等级。过梁的宽度与半砖长相同,基本宽度115mm。梁长及梁高均和洞口尺寸有关,并应符合模数要求。

其中,一级荷载只有矩形截面,洞口尺寸为600mm、900mm,高度为60mm,代号为1。二级荷载有三种截面,矩形截面代号为4,洞口尺寸为900mm、1000mm、1200mm(高度为120mm)和1500mm、1800mm、2100mm、2400mm(高度为180mm);小挑檐截面代号为2,洞口尺寸为600mm,

900mm,1200mm(高度为120mm)和1500mm、1800mm、2100mm、2400mm(高度为180mm);大挑檐截面代号为3,洞口尺寸为600mm、900mm、1200mm(高度为120mm)和1500mm、1800mm、2100mm、2400mm(高度为180mm)。三级荷载为矩形截面,代号为5,洞口尺寸为900mm、1000mm、1200mm、1500mm、1800mm(高度为180mm)和2100mm、2400mm(高度为240mm)。三种荷载中二级荷载应用最多。

选用时根据墙厚来确定数量,根据洞口来确定型号。例如宽900mm的门洞口,墙厚为360mm,应选3根GL9.4;再如1800mm的窗口,外墙为360mm,采用大挑檐过梁,应选取GL18.3和GL18.4两根过梁。

（2）钢筋砖过梁

它又称苏式过梁。这种过梁的用砖应不低于MU7.5,砂浆不低于M2.5。洞口上部应先支木模,上放直径不小于5mm的钢筋,间距≤120mm,伸入两边墙内应不小于240mm。钢筋上下应抹砂浆层。这种过梁的最大跨度为2m。

（3）砖砌平拱

这种过梁是采用竖砌的砖作为拱券。这种券是水平的,故称平拱。砖应不低于MU7.5,砂浆不低于M2.5。这种平拱的最大跨度为1.8m。

7.窗套与腰线

这些都是立面装修的做法。窗套由带挑檐的过梁、窗台和窗边挑出立砖构成,外抹水泥砂浆后,可再刷白浆或做其他装饰。腰线是指过梁和窗台形成的上下水平线条,外抹水泥砂浆后,刷白浆或做其他装饰。

8.檐部

墙身上部与屋檐相交处的构造称为檐部。檐部的做法有女儿墙、挑檐板和斜板挑檐等多种,详细做法将在后面章节介绍。

9.烟道与通风道

在住宅或其他民用建筑中,为了排除炉灶的烟气或其他污浊空气,常在墙内设置烟道和通风道。烟道和通风道分为现场砌筑和预制构件进行拼装两种做法。

砖砌烟道和通风道的断面尺寸应根据排气量来决定,但不应小于120mm×120mm。烟道和通风道除单层房屋外,均应有进气口和排气口。烟道的排气口在下,距楼板1m左右较合适;通风道的排气口应靠上,距楼板底300mm较合适。烟道和通风道不能混用，以避免串气。

混凝土烟风道及GRC烟风道一般为每层一个预制构件，上下拼接而成。

（二）隔墙

建筑中不承重，只起分隔室内空间作用的墙体叫隔断墙。通常人们把到顶板下皮的隔断墙叫隔墙，而不到顶只有半截的隔断墙叫隔断。

隔断墙的作用和特点是：隔断墙应越薄越好，目的是减轻加给楼板的荷载；隔断墙的稳定性必须保证特别要注意与承重墙的拉结；隔墙要满足隔声耐水耐火的要求。

1.隔墙的隔声要求

声音的大小在声学中用声强级表示，单位是分贝（dB）。人们习惯上把不悦耳的声音叫噪声。噪声由空气传播的叫空气噪声，噪声由固体传播的叫固体噪声。隔声主要是隔除空气噪声。

允许的噪声级随房间而异。教室、讲堂为35dB～40dB，住宅是45dB～55dB等。从生活经验可知，声音很容易透过质地松软的又薄又轻的墙体，但是不容易透过坚硬的又厚又重的墙，这是隔声的质量定律。这就产生了隔墙的隔声要求与减轻隔墙自重、减薄隔墙厚度之间的矛盾。

2.一些隔墙的常用做法

（1）120mm厚隔墙

这种墙用普通黏土砖的顺砖砌筑而成，它一般可以满足隔声、耐水、耐火的要求。由于这种墙较薄，因而必须注意稳定性的要求。满足砖砌隔墙的稳定性应从以下几个方面入手：

隔墙与外墙的连接处应加拉筋，拉筋应不少于2根，直径为6mm，伸入隔墙长度为1m。内外墙之间不应留直槎。

当墙高大于3m、长度大于5.1m时，应每隔8皮～10皮砖砌入一根φ6钢筋。

由于这种墙体采用的主体材料为普通黏土实心砖，当前，在一些城市中已禁止使用，而应用黏土多孔砖替代，其厚度有100mm和120mm两种。

（2）木板条隔墙

木板条隔墙的特点是质轻、墙薄，不受部位的限制，拆除方便，因而也有较大的灵活性。木板条隔墙的构造特点是用方木组成框架，钉以板条，再抹灰,形成隔墙。

方木框架的构造是:安上下槛(50mm×100mm木方);在上下槛之间每隔400mm～600mm立垂直龙骨,断面为30mm×70mm～50mm×70mm;然后在龙骨中每隔1.5m左右加横撑或斜撑,以增强框架的坚固性与稳定性;龙骨外侧钉板条,板条的尺寸为6mm×24mm×1200mm(厚×宽×长);板条外侧抹灰。为了便于抹灰,保证拉结,板条之间应留有7mm～8mm的缝隙。灰浆应以石灰膏加少量麻刀或纸筋为主,外侧喷白浆。

在木板墙上设置门窗时,门窗洞口两侧的龙骨断面应加大,或采用双筋龙骨,以利加固。为了防潮防水,下槛的下部可先砌3皮～5皮砖。

(3)加气混凝土砌块隔墙

加气混凝土是一种轻质多孔的建筑材料。它具有表观密度轻、保温效能高、吸声好、尺寸准确和可加工、可切割的特点。在建筑工程中采用加气混凝土制品具有降低房屋自重、提高建筑物的功能、节约建筑材料、减少运输量、降低造价等优点。

加气混凝土砌块的尺寸为75mm,100mm,125mm,150mm、200mm厚,长度为500mm。砌筑加气混凝土砌块时,应采用1:3的水泥砂浆,并考虑错缝搭接。为保证加气混凝土砌块隔墙的稳定性,应预先在其连接的墙上留出拉筋,并伸入隔墙中。钢筋数量应符合抗震设计规范的要求。具体做法同120mm厚砖隔墙。

加气混凝土隔墙上部必须与楼板或梁的底部顶紧,最好加木楔;如果条件许可,可以加在楼板的缝内以保证其稳定。

(4)水泥焦渣空心砖隔墙

水泥焦渣空心砖采用水泥、炉渣经成型、蒸养而成。这种砖的表观密度小,保温隔热效果好。

砌筑炉渣空心砖隔墙时,应注意墙体的稳定性。在靠近外墙的地方和窗洞口两侧常采用黏土砖砌筑。为了防潮防水,一般应在靠近地面和楼板的部位先砌筑3皮～5皮砖。

(5)加气混凝土条板隔墙

加气混凝土条板厚100mm、宽600mm,具有质轻、多孔、易于加工等优点。加气混凝土条板之间可以用水玻璃矿渣粘接剂粘接,也可以用聚乙烯醇缩甲醛(107胶)粘接。

①在加气混凝土隔墙上固定门窗框的方法有以下几种：

②膨胀螺栓法。在门窗框上钻孔，放胀管，拧紧螺钉或钉钉子。

③胶粘圆木安装。在加气混凝土条板上钻孔，刷胶，钉入涂胶圆木，然后立门窗框，并拧螺钉或钉钉子。

胶粘连接。先立好窗框，用107胶粘接在加气混凝土墙板上，然后拧螺钉或钉钉子。

（6）钢筋混凝土板隔墙

这种隔墙采用普通的钢筋混凝土，四角加设埋件，并与其他墙体进行焊接连接。

（7）碳化石灰空心板隔墙

碳化石灰空心板是以磨细的生石灰为主要原料，掺入少量的玻璃纤维，加水搅拌，振动成型，经干燥、碳化而成。它具有制作简单，不用钢筋、成本低、自重轻、可以干作业等优点。碳化石灰空心板是一种竖向圆孔板，高度应与层高相适应。粘接砂浆应用水玻璃矿渣粘接剂，安装以后应用腻子刮平，表面粘贴塑料壁纸。

（8）泰柏板隔墙

泰柏板又称为钢丝网泡沫塑料水泥砂浆复合墙板，它是以焊接2mm钢丝网笼为构架，填充泡沫塑料芯层，面层经喷涂或抹水泥砂浆而成的轻质板材。

这种板的特点是重量轻、强度高、防火、隔声、不腐烂等。其产品规格为40mm×1200mm×75mm（长×宽×厚），抹灰后的厚度为100mm。泰柏板与顶板底板采用固定夹连接，墙板之间采用固定夹连接。

（9）GY板隔墙

GY板又称为钢丝网岩棉水泥砂浆复合墙板，它是以焊接2mm钢丝网笼为构架，填充岩棉板芯层，面层经喷涂或抹水泥砂浆而成的轻质板材。

GY板具有重量轻、强度高、防火、隔声、不腐烂等性能，其产品规格为：长度2400mm～3300mm，宽度900mm～1200mm，厚度55mm～60mm

（10）纸面石膏板隔墙

纸面石膏板是一种新型建筑材料，它以石膏为主要原料，生产时在板的两面粘贴具有一定抗拉强度的纸，以增加板材搬运时的抗弯能力。纸面石膏板的厚度为12mm，宽度为900mm～1200mm，长度为2000mm～

3000mm，一般使其长度恰好等于室内净高。纸面石膏板的特点是表观密度小（750kg/m² ~ 900kg/m²），防火性能好，加工性能好（可锯、割、钻孔、钉等），可以粘贴，表面平整，但极易吸湿，故不宜用于厨房、厕所等处。目前也有耐湿纸面石膏板，但价格较高。

纸面石膏板隔墙也是一种立柱式隔墙，它的龙骨可以用木材、薄壁型钢等材料制作，但目前主要采用石膏板条粘接成的矩形或工字形龙骨。

石膏板龙骨的中距一般为500mm，用粘接剂固定在顶棚和地面之间。纸面石膏板用同样的粘接剂粘贴在石膏龙骨上，板缝刮腻子后即在表面装修（如裱糊壁纸、涂刷涂料、喷浆等）。

纸面石膏板隔墙有空气间层，能提高隔声能力。在龙骨两侧各粘贴一层石膏板时，计权隔声量约为35.5dB；在龙骨两侧各粘贴两层石膏板时，计权隔声量为45dB ~ 50dB。

第四节　其他材料的墙体构造

其他材料墙体的选材主要有承重黏土多孔砖、混凝土空心小砌砖等。推广这些材料的目的在于节约耕地，减少能源消耗，提高我国建筑工业化的水平。

一、黏土多孔砖的墙体构造

（一）黏土多孔砖的类型

1.2M系列

2M系列共有四种类型（代号为DM，单位为mm）：DM_1（190×240×90），DM_2（190×190×90），DM_3（190×140×90），DM_4（190×90×90）。

上述砖体在实际使用时还应配以实心砖（190mm×90mm×40mm），以达到符合模数的墙体。

2.3M系列

3M系列也有四种类型（代号为DM，单位为mm）：DM_{11}（290×240×90），DM_{22}（290×190×90），DM_{33}（290×140×90），DM_{44}（290×90×90）。

3.KP₁型系列

KP₁型多孔砖的尺寸为240mm×115mm×90mm,并与普通黏土实心砖和178mm×115mm×90mm多孔砖配套使用。

4.普通黏土多孔砖系列

普通黏土多孔砖的尺寸为240mm×115mm×115mm,可与黏土实心砖配套使用。

上述几种砖型中,北京地区多采用2M系列和普通黏土多孔砖系列。下面以2M系列为主进行介绍。

(二)2M系列砖型的有关问题

1.有关数据

2M系列砖型的配砖(P)采用190mm×90mm×40mm的实心砖。2M系列多孔砖宜用MU20、MU15、MU10,砂浆宜用Ml0、M7.5、M5。

2.一般规定

模数多孔砖仅用于建筑标高±0.000以上(或防潮层以上)的墙体,地面以下(或防潮层以下)的墙身和基础不得用多孔砖砌筑,应用实心黏土砖或其他基础材料。

为便于建筑设计按标志尺寸绘图,墙厚用模数尺寸表示,例如DM模数多孔砖可砌筑构造尺寸如果分别为90mm、140mm、190mm、240mm、290mm,那么按模数尺寸,以上厚度墙分别为100mm、150mm、200mm、250mm、300mm,或用模数为单位,则称以上厚度墙分别为1M、1.5M、2M、2.5M、3M厚墙。

模数多孔砖剖面图用斜线加小点表示,以区别于普通砖或空心砖。

模数多孔砖墙厚度变化级差为半模,设计时应按经济厚度选用。

模数多孔砖外墙厚度的选用应按热工设计进行。

3.建筑设计

建筑设计在绘制方案图和平、立、剖面图时,应标注标志尺寸,而绘制施工构造详图时则应标注构造尺寸。

模数多孔砖砌体应分皮错缝搭砌,上下皮搭砌长一般为90mm,个别不得小于40mm;砌体灰缝宽10mm~20mm,

承重的独立模数多孔砖柱截面尺寸不应小于290mm×390mm。

有防火要求的模数多孔砖防火墙、承重墙、楼梯间、电梯井墙、非承重墙等,其厚度不得小于190mm。

按《民用建筑隔声设计规范》(GB 50118-2010)中住宅分户墙二级隔空气传声45dB的标准,模数多孔砖墙厚度不得小于190mm。

楼面面层标高应在模数网格线上,面层厚度h可能是一个非模尺寸,设计时应保证从圈梁底至楼面面层上皮为整模的倍数。

模数多孔砖墙身可预留竖槽(不得临时手工凿打),但不许留水平槽(经结构验算认可者除外)。

墙的轴线定位应按具体工程墙身抗震构造选择适当的数值。内墙一般用中轴。当外墙采用板平圈梁(圈梁顶与楼板顶齐平)时,轴线距墙内侧边为1M(楼板临时入墙50mm,板头锚筋与圈梁浇成整体);在内墙厚仅为240mm,外墙厚仅为340mm的特殊情况下,可全按120mm定位,但设有不外露构造柱外墙L形节点拐角处,柱的外包砖将增添长为148mm、178mm的两个规格。[1]

墙垛、预留洞、埋件要按基本模数或半模数值选用。砖檐出挑构造应为50mm×100mm(普通砖是60mm×120mm),砖线脚厚90mm,特殊砖线脚可用厚40mm的配砖砌成。用不同尺寸的主砖和配砖可组砌各种花墙。

当选用250mm厚的内墙时,若需保持室内净空标志尺寸为nX3M,应按双轴定位;若不需保持室内净空为n×3M,可按中心轴定位。

4.结构设计

模数多孔砖墙结构设计应满足《砌体结构设计规范》(GB50003-2011)、《建筑抗震设计规范》(GB 50011-2010)等的有关规定和多孔砖砌体设计与施工规范的有关要求。

材料强度等级和砌体主要计算指标。模数多孔砖和砌筑砂浆的强度等级应按下列规定选用:模数多孔砖的强度等级为MU20,MU15,MU10;砌筑砂浆的强度等级为M15,M10,M7.5,M5。

龄期为28d,以毛截面计算的模数多孔砖砌体抗压强度设计值和抗剪强度设计值。

模数多孔砖房屋的楼、屋盖应符合下列规定:

第一,现浇钢筋混凝土楼、屋面板伸进纵、横墙内的长度均不宜小于100mm。

①于瑾佳.房屋建筑构造[M].北京:北京理工大学出版社,2018.

第二，当为板平圈梁时，必须采用留有不小于120mm长锚固钢筋的预应力混凝土多孔板(锚固筋头宜弯成钩)，板伸进外墙和内墙的临时长度不应小于50mm，且板平圈梁宜采用硬架支模施工与板头现浇成整体。此时板长、开间轴线尺寸减小90mm。

第三，当圈梁设在板底时，房屋端部大房间的楼盖，8度时房屋的屋盖和9度时房屋的屋盖，其钢筋混凝土预制板应相互拉结，并应与梁、墙或圈梁拉结。

模数多孔砖墙需做构造加强时可设置水平配筋或水平带，也可在适当位置增设构造柱：

第一，水平配筋、水平带沿层高宜均匀布置。

第二，水平配筋、水平带宜交圈设置，亦可在门窗口处截断，无交圈需要时，钢筋应锚入构造柱内，无构造柱时应伸入与该墙段相交的墙体之内300mm。

第三，钢筋直径：水平配筋应≤6mm，砂浆带应≤8mm，混凝土带应≤10mm。

第四，水平配筋应设在≥M5的砂浆缝中。

第五，砂浆配筋带用≥M5的砂浆砌筑。砂浆配筋带的高度为40mm。

第六，混凝土带的高度为90mm、40mm。

模数多孔砖砌体局部抗压安全度比普通砖砌体略低，故墙内的大梁一般应设梁垫，凡存在局部应力集中的部位，都应进行局部抗压计算和采取相应的构造措施。

5.热工设计

模数多孔砖墙体的保温性能应以墙体的热阻来表示。

夏季防热和冬季保温的设计要点如下：

第一，建筑物夏季防热应采取环境绿化、自然通风、遮阳和围护结构隔热等综合性措施。

第二，建筑物的总体布置，单体的平、剖面设计和门窗的设置应有利于自然通风，并尽量避免东西向日晒。

第三，向阳面(特别是东西向窗户)应采取有效的遮阳措施，如反射玻璃、反射阳光镀膜、各种固定和活动式遮阳等。在建筑设计中，宜结合外廊、阳台、挑檐等处理达到遮阳的目的。

第四,屋顶和东西外墙内表面温度应满足隔热设计标准的要求。

具体隔热设计标准的要求如下:

①有保温、隔热要求的外墙用砖应选择长条形孔的模数多孔砖。

②钢筋混凝土构造柱、圈梁不得外露,应用模数砖包起来,隔断"热桥"。

③门窗口的钢筋混凝土过梁外露高度不得大于60mm,并用高效保温材料把过梁内外分开(组合过梁)。

④模数多孔砖组合砌筑的墙体,宜避免内外两行砖竖向通缝,以延长竖缝"热桥"通道。

⑤屋面保温应选用保温、防水性能好的材料,并采用柔性防水卷材,例如防水珍珠岩屋面保温块等。屋面分格缝处应做防水节点,以免防水材料进水。

二、承重混凝土空心小砌块

(一)承重混凝土空心小砌块的保温

墙体的节能技术为采用外保温形式,主要有两种:一是500级～600级强度为3MPa～4MPa的加气混凝土砌块;二是250级～300级强度为1.0MPa～1.5MPa的保温砌块(如聚苯水泥板或珍珠岩保温板)。所采用的制品一定是经政府部门核发准产证和准用证的单位生产的制品。

1.加气混凝土砌块外保温做法

外墙混凝土小型空心砌块应与加气混凝土保温砌块在砌筑外墙时同时砌筑,不得将保温砌块在主体结构完成后再外贴,加气混凝土保温块应由各层圈梁分层承托。

加气混凝土保温砌块应采用AM-I或BIJ-I专用砂浆或其他专用砂浆砌筑,并与混凝土空心砌块贴砌,保温砌块竖缝灰缝的饱满度不得低于80%,水平缝灰缝的饱满度不得低于90%。专用砂浆是一种外加剂,在现场配制和搅拌应符合产品说明书中的各项技术要求。

根据结构设计拉结的要求,在砌块水平灰缝内每隔3皮高度(600mm)的位置应配置3φ4拉结钢筋网片(两根放置在砌块部位,另一根放置在保温块部位),施工时不得漏放,在混凝土空心砌块部位放置的钢筋网片应注意有足够的砂浆保护层。

加气混凝土砌块的外表面抹灰应严格按做法表选材及按有关顺序操作。

2.轻质板材(如聚苯水泥板或珍珠岩保温板等)外保温做法

外墙混凝土小型空心砌块与保温板之间的连接构造,可以随砌随贴,也可以在主体结构完工后外贴(一般为后贴)。

保温板与主体结构的构造原则:一是应由圈梁部位分层承托;二是保温板应用专用砂浆与混凝土空心砌块墙粘贴(粘贴为点粘,点粘上下间距约150mm～200mm);三是每隔三皮混凝土空心小砌块高度,应在与保温板水平灰缝一致的灰缝内放3φ4钢筋拉结(分布筋为φ4中距300mm,拐角处为φ4中距200mm,如保温板后贴,墙外应露出φ4中距300mm的分布筋,纵向放一根φ4钢筋),在混凝土空心砌块部位的钢筋应注意有足够的砂浆保护层。

保温板外饰面做法。先做基层处理,用EC胶涂刷板表面,然后用EC-1型胶满贴涂敷玻璃丝网格布一层(规则为150g/m²),并抹3mm～5mm厚的EC聚合物砂浆刮平,之后再粘贴玻璃丝网格布一层,表面抹EC聚合物砂浆。

在完成基层处理后,外饰面的具体做法可由设计人选定。

(二)承重混凝土:空心小砌块的排列组合

砌块的排块组合主要由三部分组成:

①各种开间的窗下墙排块(内承重墙的原则类似)。

②2.70m和2.80m两种层高的剖面排块。

③窗间墙及阴阳角排块。这两部分的排块是根据各种开间、进深尺寸及可能出现的各种门窗尺寸进行排列组合,所得各种尺寸基本上能满足设计要求。

经排列组合,在多层住宅建筑中混凝土小型空心砌块最多有六种规格基本能满足外墙及承重墙的使用要求,即(单位均为mm):590×190×190,390×190×190,290×190×190,190×190×190,140×190×190,90×190×190,其中590×190×190均用于内外墙"丁"字形节点、"L"字形节点及"十"字形节点,大部分为标准砌块390×190×190。如设计经周密考虑,140×190×190规格可以避免。

.

第四章 建筑防火安全与节能设计

第一节 建筑火灾的发展与过程

一、建筑火灾的发展过程

建筑室内发生火灾时,其发展过程一般要经过火灾的初期、旺盛期和衰减期三个阶段。

(一)初期火灾(轰燃前)

这一阶段火源范围很小,燃烧是局部的,火势不够稳定,速度缓慢,室内的平均温度不高,蔓延速度对建筑结构的破坏能力比较低,有中断的可能。火灾初期阶段的时间,根据具体条件,可在5min～20min。故应该设法争取及早发现,把火势及时控制和消灭在起火点。为了限制火势发展,要考虑在可能起火的部位尽量少用或不用可燃材料,或在易于起火并有大量易燃物品的上空设置排烟窗,炽热的火或烟气可由上部排出,火灾发展蔓延的危险性就有可能降低。

(二)火灾的旺盛期(轰燃后)

在此期间,室内所有的可燃物全部被燃烧,火焰可能充满整个空间。若门窗玻璃破碎,可为燃烧提供较充足的空气,室内温度很高,一般可达1100℃左右,燃烧稳定、破坏力强,建筑物的可燃构件均会燃烧,难以扑灭。

此阶段有轰燃现象出现,它的出现,标志着火灾进入猛烈燃烧阶段。一般把房间内的局部燃烧向全室性火灾过渡的现象称为轰燃。轰燃是建筑火灾发展过程中的特有现象,它经历的时间短暂。在这一阶段,建筑结构可能被毁坏,或导致建筑物局部(如木结构)或整体(如钢结构)倒塌。这一阶段的延续时间主要取决于燃烧物质的数量和通风条件。为了减少火灾损失,针对第二阶段温度高和时间长的特点,建筑设计的任务就是要设置防火分隔物（如防火墙、防火门等），把火限制在起火的部位，以阻止火很快向外蔓延；并适当地选用耐火时间较长的建筑结构，使它在猛烈的火焰作用下，保持应有的强度和稳定，直到消防人员到达把火扑灭。建筑物的主要承重构件在此时期应不会遭到致命的损害而便于修复。

（三）衰减期（熄灭）

经过火灾旺盛期之后，室内可燃物大都被烧尽，火灾温度渐渐降低，直至熄灭。一般把火灾温度降低到可燃物的80%，被烧掉时的温度作为火灾旺盛期与衰减期的分界点。这一阶段虽然火焰燃烧停止，但火场的余热还能维持一段时间的高温。衰减期温度下降的速度是比较慢的。火灾发展到第三阶段，火势趋向熄灭。室内可供燃烧的物质减少，门窗破坏，木结构的屋顶会烧穿，温度逐渐下降，直到室内外温度平衡，把全部可燃物烧光为止。

二、建筑火灾的蔓延

（一）火灾蔓延的方式

火灾发延的方式是通过热的传播进行的。火灾蔓延是指在起火的建筑物内，火由起火房间转移到其他房间的过程。其主要是靠可燃构件的直接燃烧、热的传导、热的辐射和热的对流进行扩大蔓延的。

1.热的传导

火灾燃烧产生的热量，经导热性能好的建筑构件或建筑设备传导，能够使火灾蔓延到相邻或上下层房间。这种传导方式有两个比较明显的特点：一是热量必须经导热性能好的建筑构件或建筑设备（如金属构件、薄壁隔墙或金属设备等）的传导，能够使火灾蔓延到相邻或上下层房间；二是蔓延的距离较近，一般只能是相邻的建筑空间。可见，传导蔓延扩大的火灾，其规模是有限的。①

2.热的辐射

热辐射是指热由热源以电磁波的形式直接发射到周围物体上。在火场上，起火建筑物能把距离较近的建筑物烤着，使其燃烧，这就是热辐射的作用。热辐射是相邻建筑之间火灾蔓延的主要方式。建筑防火中的防

---

①王莹,杨永强,张学旭,等. 建筑火灾扑救与应急救援[M]. 北京:中国人民公安大学出版社,2015.

火间距,主要是考虑预防火焰辐射引起相邻建筑着火而设置的间隔距离。

3.热的对流

热对流是建筑物内火灾蔓延的另一种主要方式。它是炽热的燃烧产物(烟气)与冷空气之间不断交换形成的。燃烧时,热烟向上升腾,冷空气就会补充,形成对流。轰燃后,烟从门窗口窜到室外、走道、其他房间,进行大范围的对流,如遇可燃物,便瞬间燃烧,引起建筑全面起火。除了在水平方向对流蔓延外,火灾在竖向管井也是由热对流方式蔓延的。

火场上火势发展的规律表明,浓烟流窜的方向往往就是火灾蔓延的方向。例如,剧院舞台起火后,若舞台与观众厅吊顶之间没有设防火隔墙时,烟或火焰便从舞台上空直接进入观众厅的吊顶,使观众厅吊顶全面燃烧,然后又通过观众厅后墙上的孔洞进入门厅。把门厅的吊顶烧着,这样蔓延下去直到烧毁整个剧院。由此可知,热的对流对火灾蔓延起着重要的作用。

(二)火灾蔓延的途径

研究火灾蔓延途径,是设置防火分隔的依据,也是"堵截包围,穿插分割"扑灭火灾的需要。综合火灾实际可以看出,火从起火房间向外蔓延的途径,主要有以下几个方面:

1.由外墙窗口向上层蔓延

在火灾发生时,火通过外墙窗口喷出烟气和火焰,沿窗间墙及上层窗口窜到上层室内,这样逐层向上蔓延,会使整个建筑物起火。若采用带形窗更易吸附喷出向上的火焰,蔓延更快。为了防止火灾蔓延,要求上、下层窗口之间的距离尽可能大些。另外,要利用窗过梁、窗楣板或外部非燃烧体的雨篷、阳台等设施,使烟火偏离上层窗口,阻止火势向上蔓延。

2.火势的水平蔓延

火势水平蔓延的情况有:未设适当的防火分区和没有防火墙及相应的防火门,使火灾在未受任何限制条件下蔓延扩大。防火隔墙和房间隔墙未砌到顶板底皮,洞口分隔不完善,导致火灾从一侧向另一侧蔓延。通过可燃的隔墙、吊顶、地毯、家具等向其他空间蔓延,火势通过吊顶上部的连通空间进行蔓延。

3.火势通过竖井等蔓延

在现代建筑物中,有大量的电梯、楼梯、垃圾井、设备管道井等竖井,这些竖井往往贯穿整个建筑,若未做周密完善的防火设计,一旦发生火灾,火势便会通过竖井蔓延到建筑物的任意一层。

另外,建筑物中一些不引人注意的吊装用的或其他用途的孔道,有时也会造成整个大楼的恶性火灾,如吊顶与楼板之间、幕墙与分隔结构之间的空隙、保温夹层、下水管道等都有可能因施工质量等留下孔洞,有的孔洞在水平与垂直两个方向互相穿通,这些隐患的存在,发生火灾时会导致重大生命财产的损失。

4.火势由通风管道蔓延

火势由通风管道蔓延一般有两种方式:一是通风管道内起火,并向连通的空间,如房间、吊顶内部、机房等蔓延;二是通风管道可以吸进起火房间的烟气蔓延到其他空间,而在远离火场的其他空间再喷吐出来,造成火灾中大批人员因烟气中毒而死亡。因此,在通风管道穿通防火分区和穿越楼板之处,一定要设置自动关闭的防火阀门。

第二节 安全疏散与防火要点

民用建筑中设置安全疏散设施的目的在于发生火灾时,人员能迅速而有秩序地安全疏散出去。特别是影剧院、体育馆、大型会堂、歌舞厅、大商场、超市等人流密集的公共建筑物,疏散问题更为重要。

一、安全疏散路线

发生火灾时,人们疏散的心理和行为与正常情况下人的心理状态是不同的。例如,在紧张和大火燃烧时的恐惧心理下,不知所措,盲目跟随他人行为,甚至钻入死胡同等。在这些异常心理状态的支配下,人们在疏散中往往造成惨痛的后果。

建筑物的安全疏散路线应尽量连续、快捷、便利、畅通地通向安全出口。设计中应注意两点:一是在疏散方向的疏散通道宽度不应变窄,二是在人体高度内不应有凸出的障碍物或突变的台阶。在进行高层建筑平面设计时,尤其是布置疏散楼梯间,原则上应该使疏散的路线简洁,并尽可能使建筑物内的每一个房间都能向两个方向疏散,避免出现袋形走道。

为了保证安全疏散,除形成流畅的疏散路线外,还应尽量满足下列要求:

第一,靠近标准层(或防火分区)的两端设置疏散楼梯,便于进行双向疏散。

第二,将经常使用的路线与火灾时紧急使用的路线有机地结合起来,有利于尽快疏散人员,故靠近电梯间布置疏散楼梯较为有利。

第三,靠近外墙设置安全性最大的、带开放前室的疏散楼梯间形式。同时,也便于自然采光通风和消防人员进入高楼灭火救人。

第四,避免火灾时疏散人员与消防人员的流线交叉和相互干扰,有碍安全疏散与消防扑救。疏散楼梯不宜与消防电梯共用一个凹廊做前室。

第五,当建筑设置内楼梯不能满足疏散要求时,可设置室外疏散楼梯,既节约室内面积,又是良好的自然排烟楼梯。

第六,为有利于安全疏散,应尽量布置环形走道、双向走道或无尽端房间的走道、人字形走道,其安全出口的布置应构成双向疏散。

第七,建筑安全出口应均匀分散布置,同一建筑中的出口距离不能太近,两个安全出口的间距不应小于5m。

二、安全疏散距离

根据建筑物使用性质、耐火等级情况的不同,疏散距离的要求也不相同。例如,对于居住建筑,火灾多发生在夜间,一般发现比较晚,而且建筑内部的人员身体条件不同,老少皆有,疏散比较困难,所以疏散距离不能太大。对托儿所、幼儿园、医院等建筑,其内部大部分是孩子和病人,无独立疏散能力,而且疏散速度慢,所以,这类建筑的疏散距离应尽量短。另外,对于有大量非固定人员居住、利用的公共空间(如旅馆等),由于顾客对疏散路线不熟悉,发生火灾时容易引起惊慌,找不到安全出口,往往耽误疏散时间,故从疏散距离上也要区别对待。民用建筑的疏散距离应符合《规范》的规定。

房间内任一点到该房间直接通向疏散走道的疏散门的距离计算:住宅应为最远房间内任一点到户门的距离,跃层式住宅内的户内楼梯的距离可按其梯段总长度的水平投影尺寸计算。

三、疏散设施设计

（一）疏散楼梯

1.疏散楼梯的数量与形式

公共建筑内每个防火分区或一个防火分区的每个楼层,其安全出口的数量应经计算确定,且不应少于2个。符合下列条件之一的公共建筑,可设置1个安全出口或1部疏散楼梯。

除幼儿园、托儿所外,建筑面积不大于200m²且人数不超过50人的单层公共建筑或多层公共建筑的首层。

疏散楼梯和疏散通道上的阶梯不宜采用螺旋楼梯和扇形踏步,且踏步上、下两级所形成的平面角度不应超过10°。如每级离扶手25cm处的踏步宽度超过22cm时,可不受此限制。适合于疏散楼梯踏步的高宽关系。

2.疏散楼梯间

民用建筑楼梯间根据其使用特点及防火要求,常采用以下三种形式:

（1）普通楼梯间

普通楼梯间是多层建筑常用的基本形式。对标准不高、层数不多或公共建筑门厅的室内楼梯,常采用开敞形式;在建筑端部的外墙上常采用设置简易的、全部开敞的室外楼梯。该类楼梯不受烟火的威胁,既可供人员疏散使用,也可供消防人员使用。

（2）封闭楼梯间

按照《规范》的要求,医院、疗养院、病房楼、影剧院、体育馆以及超过五层的其他公共建筑,楼梯间应为封闭式。封闭楼梯间应靠外墙设置,并能自然采光和通风。

当建筑标准不高且层数不多时,可采用不带前室的封闭楼梯间,但需设置防火墙、防火门与走道分开,并保证楼梯间有良好的采光和通风。为了丰富门厅的空间艺术效果并使交通流线清晰、明确,也常将底层楼梯间敞开,此时必须对整个门厅作扩大的封闭处理,以防火墙、防火门将门厅与走道分开,门厅内装修宜作不燃化处理。[①]

为了使人员通行方便,楼梯间的门平时可处于开启状态,但须有相应的关闭办法,如安装自动关门器或做成单向弹簧门,以便起火后能自动或

---

①方正. 建筑消防理论与应用[M]. 武汉:武汉大学出版社,2016.

①每层的房间疏散门、安全出口、疏散走道和疏散楼梯的各自总净宽度,应根据疏散人数按每100人的最小疏散净宽度计算。当每层疏散人数不等时,疏散楼梯的总净宽度可分层计算,地上建筑内下层楼梯的总净宽度应按该层及以上疏散人数最多一层的人数计算。地下建筑内,上层楼梯的总净宽度应按该层及以下疏散人数最多一层的人数计算。

②地下或半地下人员密集的厅、室和歌舞娱乐放映游艺场所,其房间疏散门、安全出口、疏散走道和疏散楼梯的各自总净宽度,应根据疏散人数按每100人不小于1.00m计算确定。

③首层外门的总净宽度应按该建筑疏散人数最多一层的人数计算确定,不供其他楼层人员疏散的外门,可按本层的疏散人数计算确定。

④歌舞娱乐放映游艺场所中录像厅、放映厅的疏散人数,应根据厅、室的建筑面积按1.0人/m²计算;其他歌舞娱乐放映游艺场所的疏散人数,应根据厅、室的建筑面积按0.5人/m²计算。

⑤有固定座位的场所,其疏散人数可按实际座位数的1.1倍计算。

⑥展览厅的疏散人数应根据展览厅的建筑面积和人员密度计算,展览厅内的人员密度宜按0.75人/m²确定。

⑦商店的疏散人数应按每层营业厅的建筑面积乘以人员密度计算。

3.安全出口的其他要求

疏散门应向疏散方向开启,但房间内人数不超过60人,且每樘门的平均通行人数不超过30人时,门的开启方向可以不限,疏散门不宜采用转门。

为了便于疏散,人员密集的公共场所(如观众厅的入场门、太平门等),不应设置门槛,其宽度不应小于1.4m,靠近门口处应设置台阶踏步,以防摔倒伤人。

人员密集的公共场所的疏散楼梯、太平门,应在室内设置明显的标志和事故照明,疏散通道的净宽不应小于疏散走道总宽度的要求,最小净宽不应小于3m。

(三)辅助设施

为了保证建筑物内的人员在火灾时能安全、可靠地进行疏散,避免造成重大伤亡事故,除了设置楼梯为主要疏散通道外,还应设置相应的安全疏散的辅助设施。辅助设施的形式很多,有避难层、屋顶直升机停机坪、疏散阳台、避难带等。

（四）消防电梯

高层建筑中的普通电梯由于没有必要的防火设备，既不能用于紧急情况下的人流疏散，又难以供消防人员进行扑救。因此，高层建筑应设消防电梯，以便进行更为有效的扑救。

1.设置条件

根据《规范》规定，下列建筑应设置消防电梯：

①建筑高度大于33m的住宅建筑。

②一类高层公共建筑和建筑高度大于32m的二类高层公共建筑。

③设置消防电梯的建筑的地下或半地下室，埋深大于10m且总建筑面积大于3000m²的其他地下或半地下建筑（室）。

消防电梯应分别设置在不同防火分区内，且每个防火分区不应少于1台。

2.可不设置消防电梯条件

建筑高度大于32m且设置电梯的高层厂房（仓库），每个防火分区内宜设置1台消防电梯，但符合下列条件的建筑可不设置消防电梯：

①建筑高度大于32m且设置电梯，任一层工作平台上的人数不超过2人的高层塔架。

②局部建筑高度大于32m，且局部高出部分的每层建筑面积不大于50m²的丁、戊类厂房。

符合消防电梯要求的客梯或货梯可兼作消防电梯。

3.除设置在仓库连廊、冷库穿堂或谷物筒仓工作塔内的消防电梯外，消防电梯应设置前室，并应符合下列规定：

①前室宜靠外墙设置，并应在首层直通室外或经过长度不大于30m的通道通向室外。

②前室的使用面积不应小于6.0m²。

③除前室的出入口、前室内设置的正压送风口和《规范》规定的户门外，前室内不应，开设其他门、窗、洞口。

④前室或合用前室的应采用乙级防火门，不应设置卷帘。

消防电梯井、机房与相邻电梯井、机房之间应设置耐火极限不低于2.00h的防火隔墙，隔墙上的门应采用甲级防火门。

消防电梯的井底应设置排水设施,排水井的容量不应小于2m²,排水泵的排水量不应小于10L/s。消防电梯间前室的门口宜设置挡水设施。

4.消防电梯应符合下列规定:

①应能每层停靠。

②电梯的载重量不应小于800kg。

③电梯从首层至顶层的运行时间不宜大于60s。

④电梯的动力与控制电缆、电线、控制面板应采取防水措施。

⑤在首层的消防电梯入口处应设置供消防队员专用的操作按钮。

⑥电梯轿厢的内部装修应采用不燃材料。

⑦电梯轿厢内部应设置专用消防对讲电话。

四、防火设计要点

高层建筑防火设计要点如下:

第一,总体布局要保证便捷流畅的交通联系,处理好主体与附属部分的关系,保证与其他各类建筑的合理防火间距,合理安排广场、空地与绿化,并提供消防车道。

第二,对建筑的基本构件(墙、柱、梁、楼板等)作防火构造设计时,使其具有足够的耐火极限,以保证耐火支撑能力。

第三,尽量做到建筑内部装修、陈设的不燃化或难燃化,以减少火灾的发生及降低蔓延速度。

第四,合理进行防火分区,采取每层做水平分区和垂直分区,力争将火势控制在起火单元内加以扑灭,防止向上层和防火单元外的扩散。

第五,安全疏散路线要求简明直接,在靠近防火单元的两端布置疏散楼梯,控制最远房间到安全疏散出口的距离,使人员能迅速撤离危险区。

第六,每层划分防烟分区,采取必要的防烟和排烟措施,合理地安排自然排烟和机械排烟的位置,使安全疏散和消防灭火能顺利进行。

第七,采用先进、可靠的报警设备和灭火设施,并选择好安装的位置。还要求设置消防控制中心,以控制和指挥报警、灭火、排烟系统及特殊防火构造等部位,确保它能起到灭火指挥基地的作用。

第八,加强建筑与结构、给水排水、采暖通风、电气等工种的配合,处理好工程技术用房与全楼的关系,以防其起火后对大楼产生威胁。同时,各种管道及线路的设计要尽力消除起火及蔓延的可能性。

第三节 建筑节能的基本原理

一、建筑节能的关键术语

1.传热系数(K)

在稳态条件下,围护结构两侧空气温度差为1℃,单位时间内通过$1m^2$表面积传递的热量即传热系数,单位为$W/(m^2·K)$。它是表征围护结构传递热量能力的指标。K值越小,围护结构的传热能力越低,其保温隔热性能越好。

例如,180钢筋混凝土墙的传热系数是$3.26W/(m^2·K)$;普通240砖墙的传热系数是$2.1W/(m^2·K)$;190加气混凝土砌块的传热系数是$1.12W/(m^2·K)$。

由上可知,190加气混凝土砌块的隔温性能优于普通240砖墙,更优于180钢筋混凝土墙。

2.热惰性指标(D)

热惰性指标是围护结构对温度波衰减快慢程度的无单位指标,其值等于材料层热阻与蓄热系数的乘积。D值越大,温度波在其中的衰减越快,围护结构的热稳定性越好,越有利于节能;D值越小,建筑内表面温度会越高,影响人体热舒适性。单一材料围护结构,$D=R·S$;多层材料围护结构,$D=\sum(R·S)$(其中,S为相应材料层的蓄热系数;R为围护结构材料层的热阻,由试验室检测获得)。

例如,200厚的烧结普通砖,$S=10.63W/(m^2·K)$,$R=0.25m^2·K/W$,按照公式得出$D=2.62$。200厚的加气混凝土砌块$D=3.26$,则加气混凝土砌块的热稳定性优于烧结普通砖。

3.遮阳系数(SC)

遮阳系数是指实际透过窗玻璃的太阳辐射得热与透过3mm透明玻璃的太阳辐射得热之比值。它是表征窗户透光系统遮阳性能的无单位指标,其值在0~1范围内变化。SC越小,通过窗户透光系统的太阳辐射得热越小,其遮阳性能越好。

4.建筑物体形系数(S)

建筑物体形系数是建筑物与室外大气直接接触的外表面面积与其所包围体积的比值。外表面面积不包括地面和不采暖楼梯间隔墙和户门的面积。体形系数越大,单位建筑面积对应的外表面面积越大,外围护结构的传热损失也越大。

5.窗墙面积比

窗墙面积比是窗户洞口面积与其所在房间外立面单元面积(即建筑层高与开间定位线围成的面积)的比值。普通窗户的保温隔热性能比外墙差很多,而且夏季白天太阳辐射还可以通过窗户直接进入室内。一般来说,窗墙面积比越大,建筑物的能耗也越大。

二、建筑节能的基本原理

1.建筑得热与失热的途径

冬季采暖房屋的正常温度是依靠采暖设备的供暖和围护结构的保温之间相互配合,以及建筑的得热量与失热量的平衡得以实现的。可用下列公式表示:

采暖设备散热+建筑物内部得热+太阳辐射得热=建筑物总得热

非采暖区的房屋建筑有两大类:一类是采暖房屋有采暖设备,总得热同上公式;另一类是采暖房屋没有采暖设备,总得热为建筑物内部得热加太阳辐射得热两项,一般仍能保持比室外日平均温度高3℃~5℃。

对于有室内采暖设备散热的建筑,室内外日平均温差,北京地区可达20℃~27℃,哈尔滨地区可达28℃~44℃。由于室内外存在温差,且围护结构不能完全绝热和密闭,热量从室内向室外散失。建筑得热和失热的途径及其影响因素是研究建筑采暖和节能的基础。

(1)在一般房屋中,建筑得热因素的热量来源有以下几方面

①系统供给的热量。主要由暖气、火炉、火坑等采暖设备提供。

②太阳辐射供给的热量。阳光斜射,透过玻璃进入室内所提供的热量。普通玻璃透过率高达80%~90%,北方地区太阳入射角度为13°~30°,南窗房间得热量较大。

③家用电器发出的热量。家用电器如电冰箱、电视机、洗衣机、吸尘器及电灯等发出的热量。

④炊事及烧热水散发的热量。

⑤人体散发的热量。一个成人的散热量为80～120W。

（2）在一般房屋中，建筑失热因素有以下几方面：

①通过外墙、屋顶和地面产生的热传导损失，以及通过窗户造成的传导和辐射传热损失。

②由于通风换气和空气渗透产生的热损失。其途径可有门窗开启、门窗缝隙、烟肉、通气孔以及穿墙管缝孔隙等。

③由于热水排入下水道带走的热量。

④由于水分蒸发形成水蒸气外排散失的热量。

2.建筑传热的方式

建筑物内外热流的传递状况是随发热体（热源）的种类、受热体（房屋）部位及其媒介（介质）围护结构的不同情况而变化的。热流的传递称为传热。传热的方式可分为辐射、对流和传导三种方式。

（1）辐射传热

辐射传热又称热辐射，是指因热的原因而产生的电磁波在空间的传递。物体将热能变为辐射能，任何物体，只要温度高于0K，就可不停地向周围空间发出热辐射能，以电磁波的形式在空中传播，当遇到另一物体时，又被全部或部分地吸收而变为热能。如铸铁散热器采暖通常靠热辐射的形式，把热量传递给空气。[①]

不同的物体，向外界热辐射放热的能力不同。一般建筑材料，如砖石、混凝土、油漆、玻璃、沥青等的辐射放热能力很强，发射率高达0.85～0.95；而有些材料，如铝箔、抛光的铝，发射率低至0.02～0.06。利用材料辐射放热的不同性能，可达到建筑节能的效果。

（2）对流传热

对流传热是指具有热能的气体或液体在移动过程中进行热交换的传热现象。在采暖房间中，采暖设备周围的空气被加热升温，密度减小、上浮，邻近的较冷空气，密度较大、下沉，形成对流传热。在门窗附近，由缝隙进入的冷空气，温度低、密度大、流向下部，热空气则由上部逸出室外；

①扈恩华,李松良,张蓓.建筑节能技术[M].北京:北京理工大学出版社,2018.

在外墙和外窗内表面温度较低,室内热空气被冷却,密度增大而下降,热空气上升,又被冷却下沉形成对流换热。

对于采暖建筑,当围护结构质量较差时,室外温度越低,则窗与外墙内表而温度也越低,邻近的热空气迅速变冷下沉,散失热量,这种房间只在采暖设备附近及其上部较暖,外围特别是下部则很冷;当围护结构质量较好时,其内表面温度较高,室温分布较为均匀,无集聚的对流换热现象产生,保温节能效果较好。

（3）传导传热

传导传热又称热传导,是指物体内部的热量由一高温物体直接向另一低温物体转移的现象。这种传热现象是两个直接接触的物体质点的热运动所引起的热能传递。一般来说,密实的重质材料,导热性能好,而保温性能差;反之,疏松的轻质材料。导热性能差,而保温性能好。材料的导热性能用热导率表示。

建筑物的传热通常是辐射、对流、传导三种方式同时进行,综合作用的效果。

以屋顶某处传热为例,太阳照射到屋顶某处的热辐射,其中20%～30%的热量被反射;其余一部分热量以传导的方式经屋顶的材料传向室内,另一部分则由屋顶表面向大气辐射,并以对流换热的方式将热量传递给周围空气。

又如室内传热情况,火炉炉体向周围产生辐射传热,以及与室内空气的传导传热。室内空气被加热部分与未加热部分产生对流传热。室内空气温度升高和炉体热辐射作用,使外围结构的温度升高,这种温度较高的室内热量又向温度较低的室外流散。

热量传递按照传热过程状态分类,可分为稳态传热和非稳态传热。

①稳态传热是指在传热系统中,各点的温度分布不随时间而改变的传热过程。稳态传热时各点的热流量不随时间而改变,连续产生过程中的传热多为稳态传热。

外窗保温性能测试过程就是按照稳态传热过程的机理实现的。

②非稳态传热是指在传热系统中,各点的温度既随位置而变又随时间而变的传热过程。

在冬季室内外温差变化情况下,墙体、外窗、屋顶等围护结构的传热为非稳态传热。

3.建筑保温与隔热

（1）建筑保温。

①建筑保温的含义。建筑保温通常是指围护结构在冬季阻止室内向室外传热，从而保持室内适当温度的能力。保温是指冬季的传热过程，通常按稳定传热考虑，同时考虑不稳定传热的一些影响。

②围护结构的含义。围护结构是指建筑物及其房间各面的围护物，分为透明和不透明两种类型。不透明围护结构有墙、屋面、地板、顶棚等；透明围护结构有窗户、天窗、阳台门、玻璃隔断等。按是否与室外空气直接接触，围护结构又可分为外围护结构和内围护结构。与外界直接接触者称为外围护结构，包括外墙、屋面、窗户、阳台门、外门，以及不采暖楼梯间的隔墙和户门。不需特别指明情况下，围护结构即指外围护结构。

③建筑保温措施。对于外墙和屋面，可采用多孔、轻质，且具有一定强度的加气混凝土单一材料，或由保温材料和结构材料组成的复合材料。对于窗户和阳台门，可采用不同等级的保温性能和气密性的材料。

（2）建筑隔热。

①建筑隔热的含义。建筑隔热通常是指围护结构在夏天隔离太阳辐射热和室外高温，从而使其内表面保持适当温度的能力。隔热针对夏季传热过程，通常以24小时为周期的周期性传热来考虑。

②建筑隔热性能的评价。隔热性能通常用夏季室外计算温度条件下，围护结构内表面最高温度值来评价。如果在同一条件下，其内表面最高温度低于其外表面最高温度，则认为符合隔热要求。

③建筑隔热对室内热环境的影响。盛夏，如果屋顶和外墙隔热不良，高温的屋顶和外墙内表面，将产生大量辐射热，使室内温度升高。若风速小，人体散热困难，人的体温则保持在36.5℃，这是由于人体下丘脑的体温调节中枢进行复杂而巧妙地调节，使体内保持热稳定平衡的结果。外界温度太高，体内热量散发困难，体温增高，人体将感到酷热。建筑隔热不良的房屋，进入室内的热量过多，将很快抵消空调制出的冷量，室温仍难达到舒适程度。

④建筑隔热措施。为达到改善室内环境、降低夏季空调降温能耗的目的，建筑隔热可采取以下措施：建筑物屋面和外墙外表面做成白色或浅白

色饰面,以降低表面对太阳辐射热的吸收系数;采用架空通风层屋面,以减弱太阳辐射对屋面的影响;采用挤压型聚苯板倒置屋面,能长期保持良好的绝热性能,且能保护防水层免于受损;外墙采用重质材料与轻型高效保温材料的复合墙体,提高热绝缘系数,以便降低空调降温能耗;提高窗户的遮阳性能(遮阳性能可由遮阳系数来衡量。遮阳系数越小,说明遮阳性能越好),如采用活动式遮阳篷、可调式浅色百叶窗帘、可反射阳光的镀膜玻璃灯。

三、建筑体型

人们在设计中常常追求建筑形态的变化。从节能角度考虑,合理的建筑形态设计不仅要求体型系数小,而且需要冬季日辐射得热多,需要对避寒风有利。具体选择节能体型受多种因素制约,包括当地冬季气温和日辐射照度、建筑朝向、各面围护结构的保温状况和局部风环境状态等,需要具体权衡得热和失热的情况,优化组合各影响因素才能确定。在规划设计中考虑建筑体型对节能的影响时,主要应控制建筑的体型系数。

建筑体型系数是指建筑物与室外大气接触的外表面积A(不包括地面和采暖楼梯间隔墙与户门的面积)与其所包围的建筑空间体积V的比值。体型系数越大,说明单位建筑空间所分担的热量散失面积越大,能耗就越多。在其他条件相同情况下,建筑物耗热量指标随体型系数的增长而增长。有研究资料表明,体型系数每增大0.01,耗热量指标约增加2.5%。从有利节能出发,体型系数应尽可能小。

一般建筑物的体型系数宜控制在0.03以下,若体型系数大于0.30,则屋顶和外墙应加强保温,以便将建筑物耗热量指标控制在规定水平,总体上实现节能50%的目标。

一般来说,控制或降低体型系数的方法,主要有以下几点:

1.减少建筑面宽,加大建筑幢深

对于体量1000m²～8000m²的南向住宅,建筑幢深设计为12m～14m,对建筑节能是比较适宜的。

2.增加建筑物的层数。

层数一般可加大体量,降低耗热指标。当建筑面积在2000m²以下时,层数以3层～5层为宜,层数过多则底面积小,对减少热耗不利;当建筑面积为 3000m² ~ 5000m² 时,层数以 5 层 ~ 6 层为宜;当建筑面积为 5000m² ~ 8000m² 时,层数以 6 层 ~ 8 层为宜。6 层以上建筑耗热指标还会继续降低,但降低幅度不大。

3.建筑体型不宜变化过多

严寒地区节能型住宅的平面形式应追求平整、简洁,如直线形、折线形和曲线形。在节能规划中,对住宅形式的选择不宜大规模采用单元式住宅错位拼接,也不宜采用点式住宅或点式住宅拼接。因为以上形式都将形成较长的外墙临空长度,不利于节能。

四、建筑日照标准

阳光不仅是个热源,还可以提高室内的光照水平。我国《城市居住区规划设计规范(2002 年版)》(GB 50180-1993)规定,在气候区 Ⅰ、Ⅱ、Ⅲ、Ⅳ 区的城市内,冬季大寒日的 8 时至 16 时期间,大城市日照时间不少于 2h,中小城市日照时间不少于 3h;在气候区和Ⅳ区的城市内,冬季大寒日的 8 时至 16 时期间,大城市日照时间不少于 3h,中小城市日照时间不少于 1h;在气候区 Ⅴ、Ⅳ 区的城市,冬至日的 9 时至 15 时期间,日照时间不少于 1h。为了保证这一标准的实现,许多地方根据本地的实际情况,制定了具体的建筑间距控制指标。

在确定建筑的最小间距时,要保证室内一定的日照量,并结合其他条件来综合考虑建筑群的布置。

第四节 建筑节能技术措施

一、优化建筑设计

建筑造型及围护结构形式对建筑物性能有决定性的影响。直接的影响包括建筑物与外环境的换热量、自然通风状况和自然采光水平等,而这三方面涉及的内容将构成 70% 以上的建筑采暖通风空调能耗。不同的建筑设计形式会造成能耗的巨大差别。然而,建筑物是个复杂系统,各方面因素相互影响,很难简单地确定建筑设计的优劣。例如,加大外窗面积可改善自然采光,在冬季还可获得太阳能量,但冬季的夜间会增大热量消耗,同时夏季由于太阳辐射通过窗户进入室内使空调能耗增加。这就需要利用动态热模拟技术,对不同的方案进行详细的模拟测试和比较。

目前在世界各国的建筑节能设计导则和规范中,都要求设计者必须进行景象动态模拟预测和优化。我国的建筑能耗模拟软件DeST,先后完成了1000万㎡以上建筑的模拟分析,其中包括国家大剧院、首都机场改扩建、国家主体育馆(鸟巢)、国家游泳中心(水立方)、深圳会展中心的几十个国家重大项目。我们利用这一软件,完善建筑节能优化,在建筑规划中起到重要作用。

二、开发新的建筑围护结构材料和部件

开发新的建筑围护结构材料和部件,通过建筑节能的基础技术和产品以更好地满足保温、隔热、透光、通风等各种需求,甚至可根据外界条件的变化随时改变其物理性能,达到维持室内良好的物理环境的同时,降低能源消耗的目的。主要涉及的产品有:外墙保温和隔热、屋顶保温和隔热、热物理性能优异的外窗和玻璃幕墙、智能外遮阳装置以及基于相变材料的蓄热型围护结构和基于高分子吸湿材料的调湿型饰面材料。

自20世纪90年代起,我国自主研发和从国外吸收消化的外墙、屋顶保温隔热技术被慢慢采用。尤其外墙外保温可通风装饰板、通风型屋顶产品、通风遮阳窗帘的使用,都大大提高了产品的质量,降低了建筑运行成本。

随着建筑形式的设计多样化、现代化、个性化,外窗和玻璃幕墙、玻璃金属幕墙、玻璃砖幕墙、木玻幕墙、加金属构件的综合幕墙等透光型外围护结构在建筑外立面中的使用越来越广泛。由于其在保温、隔热、采光和吸收太阳光等方面的多重功能,使其成为影响建筑本体能源消耗的主要因素。发达国家从20世纪90年代开始就十分重视外窗与玻璃幕墙的节能技术、新产品的开发和推广,可有效降低长波辐射、增强保温的低辐射Low-E玻璃与玻璃夹层充惰性气体和断热窗框、断热式玻璃幕墙技术使外窗的传热系数(K值)从传统的单玻外窗的$5.5W/(m^2 \cdot K)$,降到$1.5W/(m^2 \cdot K)$以下,从而使透光型外围护结构的热损失接近非透光型围护结构。为了减少夏季通过外窗和玻璃幕墙的太阳辐射,在冬季又恰当地吸收太阳辐射,在各

种可调节外遮阳装置和玻璃夹层中间设置可调节的遮阳装置并进行有组织的同排风,也是做好外围护结构的一项必不可少的措施。尤其大型公共建筑,更应采取有效的措施。另外,利用建筑围护结构蓄存热量,夜间室外空气通过楼板空洞通风使楼板冷却,白天用冷却的楼板吸收室内热量,这其实是利用了混凝土的惰性原理。在围护结构中配置适宜的相变材料;则能更好地产生蓄热效果。[①]

开发和推广上述先进技术,可使我国大型公共建筑能耗降低到冬季10W/m²的水平,仅为目前采暖能耗的1/3,空调能耗可以显著下降。其实,夏季空调的大量能耗是用于室内的温度调节,如果能同时采用相变材料等辅助措施,可以在空气湿度高的时候吸收空气中的水分,使其转换为结晶水而封存在材料中,在室内空气相对湿度较低时又重新把水分释放回空气中。这样可维持室内相对湿度在40% ~ 75%的舒适范围内,而不消耗常规能源。日本、欧洲都开展了相关研究,国内的研究开发也接近同等水平。这方面的突破将对改善住宅和普通公共建筑的夏季室内环境、降低空调能耗甚至在某些场合取消传统空调起到重大作用。

三、安装通风装置与排风热回收装置

对于住宅建筑和普通公共建筑,当建筑围护结构保温隔热做到一定水平后,室内外通风形成的热量或冷量损失,成为住宅能耗的重要组成部分。此时,通过专门装置有组织地进行通风换气,同时在需要的时候有效回收排风中的能源,对降低住宅建筑的能耗具有重要意义。

欧洲在这些方面已取得丰硕成果,通过有组织地控制通风和排风的热回收,大大降低了空调的使用时间,还使采暖空调耗热量、耗冷量降低30%以上。由于以前我国建筑本身的保温隔热性能差,通风问题的重要性远没有欧洲突出,因此相比之下我国有较大差异,目前需要积极开展相关的研究和产品的开发与推广。就排风热回收而言,国内目前已研制成功蜂窝状铝膜式、热管式等显热回收器,这只对降低冬季采暖能耗有效。由于夏季除湿是新风处理的主要负荷,因此更需要全热回收器。目前,国内已开发有纸质和高分子透湿膜的全热回收器,但其性能还有待进一步提高。

---

①刘儒通. 浅谈建筑节能技术措施及发展方向[J]. 江西建材,2021(6):74,76.

四、采用各种热泵技术

通过热泵技术提升低品位热能的温度,为建筑提供热量,是建筑能源供应系统提高效率降低能耗的重要途径,也是建筑设备节能技术发展的重点之一。目前,在该领域国内外进展情况如下。

(一)热泵型家庭热水机组

从室外空气中提取热量制备生活热水,电热的转换率可达3~4。日本推出采用二氧化碳为工质的热泵性热水机,并开始大范围推广。当没有余热、废热可利用时,这种热泵性热水机应是提供家庭生活热水的最佳方式。

(二)空气源热泵

冬季从室外空气中提取热量,为建筑供热,是住宅和其他小规模民用建筑供热的最佳方式。在我国华北大部分地区,这种方式冬季平均电热转换率有可能达到3以上。目前的技术难点是室外温度在0℃左右时蒸发器的结霜问题和为适应室外温度在-3℃~5℃范围内的变化,需要压缩机在很大的压缩比范围内都具有良好的性能。国内外的大量研究攻关都集中在这两个难点上。前者可通过优化化霜循环、智能化霜控制、特殊的空气换热器形成设计以及不结霜表面材料的研制等陆续得到解决。后者则通过改变热泵循环方式,如中间补气、压缩机串联和并联转换等来尝试解决。然而,革命性的突破可能有待新的压缩机形式的出现。

(三)地下水水源热泵

地下水水源热泵可以从地下抽水经过热泵提取其热量后再把水回灌地下。这种方式用于建筑供热,其电热转换率可达3~4。这种技术在国内外都已广泛应用。但取水和回灌都受到地下水文地质条件的限制。研究更有效的取水和回灌方式,可能会使该技术应用范围更加广泛。

(四)污水水源热泵

直接从城市污水中提取热量,是污水综合利用的一部分。经过专家推测,利用城市污水充当热源可解决城市20%的建筑采暖。目前的方法是从处理后的水中提取热源,借助于污水换热器,可直接从大规模的污水中提取热量,实现高效的污水热泵供热。污水水源热泵是北方大型城市建筑采暖的主要构成方式之一。

(五)地埋管式土壤源热泵

通过地下垂直或水平埋入塑料管,通人循环工质,成为循环工质与土壤间的换热器。冬季通过这一换热器从地下取热,成为热泵的热源;夏季从地下取冷,使其成为热泵的冷源。这就形成了冬存夏用,或夏存冬用。目前,这种方式的初始投资较高,并且要大量从地下取热蓄热,仅适合低密度的住宅和商业建筑。它与建筑基础有机结合,从而有效降低初始投资,提高传热管与土壤间的传热能力,这将是低密度住宅与商业地产采用热泵解决采暖空调冷热源的一种有效方式,值得进一步研究发展。

综上所述,采暖用能约占我国北方城市建筑能耗的50%,通过热泵技术如能解决1/3建筑的采暖,将大大缓解建筑能耗问题,采暖与环境将趋于动态平衡。

五、应用建筑中的可再生能源技术

可再生能源包括太阳能、风能、水能、生物质能、地热能、海洋能等多种形式。可再生能源日益受到重视。开发利用可再生能源是可持续发展战略的重要组成部分。太阳能既是一次性能源又是可再生能源,资源丰富且对环境无污染,是一种非常洁净的能源,应提倡在建筑中广泛应用。

如何利用可再生能源满足建筑的制冷采暖需求,是建筑节能的一个重要课题。目前,国内针对太阳能光电利用取得了一定的进展,太阳能热水器得到广泛应用。但是,利用太阳能的深度和广度还有待进一步开发。风能也是可再生能源,只是在有些地区不够稳定。合理利用好风能,也是一个课题。可再生能源技术的发展一方面是降低产品成本,更重要的是如何将上述产品和装置有效地与建筑立面设计结合起来,使其成为建筑的一个画龙点睛的亮点和实实在在的优势。

大型公共建筑相互之间的能耗差异表明,这类建筑的节能潜力在30%以上。通过建筑节能改造、加强管理,杜绝"跑、冒、滴、漏"浪费现象,可实现节能5%~10%;通过提高水泵、风机等输配设备的运行效率及应用变频调速技术,可实现节能10%~20%。对于这样的建筑,采用多种技术整合,在能源消耗上狠下功夫,做到一劳永逸,创造健康的建筑环境空间。

第五章 建筑构造组合方式的发展

第一节 建筑构造原则

在手工业时代,建筑的建造主要有两种基本模式:

作为一种生活必需品,大量的民间建筑通常采用的是没有"建筑师"的"自发建造"的方式,这种方式至今依然在很多地区得以延续。简单的功能和轻巧的体量使得就地取材和世代相传的地方工艺成为自发建造活动的基本特征,构件通常都由熟练的工匠在现场加工制作,在遵循固有形式的建造过程中,雇主本身或者一个有经验的匠人就可以指挥工人完成所有的建造活动。[①]

对于少量特殊的公共建筑或者说等级建筑(宫殿、寺庙、神庙、浴场等),则通常由经验丰富的"主持建筑师"设计并组织众多工匠协同建造。在这个过程中,官方的工程规范和"主持建筑师"个人的才能会成为主导工程设计与建造的主要因素。尽管官方标准是高于地方的,但一定的地域范围内,建造的方法依然是一脉相承的。只是,对于特定的建筑,构造设计和施工工艺更为复杂。在以地域环境和等级权威为主要特征的手工业时代,不管是大量性的民间建筑还是少量特殊(官式、公共)的建筑,固有的结构形式和建造方法都会成为先入为主的设计导向,并最终达成建筑整体形式的"风格的统一"。总体而言,手工业时代世代相传的继承机制既赋予了建筑鲜明的整体个性,也体现了传统建筑构造系统显著的"封闭"特性,不论是设计、建造的流程,还是建造技术的适用范围都是特定的。

---

①柯龙,赵睿,江旻路,等. 建筑构造[M]. 成都:西南交通大学出版社,2019.

第二节 区域标准与全能

一、限定：区域标准

由于手工业时代材料与生产工具的局限,在长期实践中慢慢累积的成熟经验会成为建筑构造系统设计的重要指导,如中国的《营造法式》、西方的《建筑十书》都是不同的地域条件下产生的建造技术经验总结的典范。但这些官方的文献并不能包罗万象,在大量的民间建筑中,还存在更丰富的工艺技术,其中有的通过民间记载(如《木经》《鲁班经》)得以流传,有的只是通过"传帮带"的方式代代相传。不论是官方还是民间的标准,它们所适用的范围都是有限的,区域标准既形成了传统建筑多样化的表现,也成就了传统建筑产品构造系统组合的"封闭性"。

区域标准最小可以是一个村落,最大则可以扩展到一个国家。构件的标准形式首先来自建筑受力机制的稳定性要求,在此基础上,为了进一步满足功能与形式的需求,构件的标准化制作工艺才会进一步成型。在不同的环境中,这种标准并不一致,或者说构件的通用化程度是有限的。

以中国为例,虽然木构是最为普遍的一种建筑结构形式,但在不同的地域,木构的结构形式是各异的。如北方的官式建筑多采用抬梁式的整体木构架,南方的民间建筑多采用穿斗式的木构架,两种不同的构造体系反映了应对不同环境和空间需求的策略。而在细节上,如艺术风格,地域的差异就会更加明显。

当用于特定的公共(等级)建筑时,工程的复杂性就会使得地方的区域标准在特殊需求下"升级"为官方标准,在更加规范的建造活动中,不仅组织更加严密,构造系统的封闭性也得到了进一步加强。中国传统的官式建筑就是一个显著的案例。在官式建筑中,斗拱不仅是必不可少的结构构件,还是建筑等级的重要象征。斗拱的结构机制在宋代已经发展成熟,清朝时期斗拱的结构受力作用虽然已经减弱,但依然作为重要的装饰和等级象征构件应用在官式建筑中。

斗拱不仅在结构与等级象征性上有重要作用,它还是整个木构建造系统模数协调的核心要素。《营造法式》中关于中国古代建筑构造系统总结中最为关键的部分即"凡构屋之制，皆以材为祖，材有八等，度屋之大小，因而用之"的材分制度。在这里，材、分并不是现代模数中的等差或等比数列，而是以木构件中的基本构件"拱"的断面尺寸为基础的模数。材、分制度在技术上实现了由庞大而复杂的构件组成的木构建筑的有序组织和合理安排；在经济上对不同类型的建筑实现了不同强度构件的合理利用，减少了浪费；在等级上区分了主次建筑，使得群体建筑大小得体，相得益彰，获得了完美的艺术效果。

以斗拱为核心的中国传统木构体系充分体现了区域标准控制下建筑构造系统的"封闭性"。与中国传统建筑相类似的组织方式同样可以在西方的石构系统中发现。公元前1世纪，维特鲁威就发明了一种数学计算方法作为模数来设计建筑。这个方法以柱径为一个基本尺度，以此创造了一种协调的体系，将建筑统一为一体。古典时期和文艺复兴时期，建筑的基本尺度（如柱距、柱高、檐口等）都是以柱子的直径（分柱法）为参考。虽然不如中国的"以材为祖"的模数那么精确，但以柱式规范建筑形式设计的方法就如同斗拱于中国古典建筑的作用一样，对西方古典建筑的发展起到了至关重要的作用。

在上述案例中，我们可以发现形成传统的建筑构造系统组合方式体现了高度封闭性的原因：客观原因是，在有限的生产力条件和特定的地域环境限制下，建筑的各组成部分必须以最合理的组织形式来满足整体的性能标准，在这个原则下，建筑的空间形式和建造工艺是密切相关的，建筑自成一体，有着较强的排他性；主观原因是，建筑师是建造的全权控制者，无论是风格内敛而朴素还是张扬且华丽的建筑，都由主持建筑师一个人独立完成设计和建造。

二、整合：全能建筑师

在有限的技术条件下，特殊工程建造的复杂性要求每一个"主持建筑师"必须是全能的，不仅要是建筑师，还得是工程师、艺术家乃至科学家。在中国宋代颁布《营造法式》之后，主持重大工程的都料匠（掌握尺寸的大木匠）都具备总领工程的主要做法和规格的能力。由于经验丰富，施工时都料匠可以不依靠施工图纸，统筹指挥不同工种的匠人，在现场按规定要求对工匠分派任务,如难度不一的梁柱、斗拱构件制作工作,砖石墙体砌筑工作、雕刻彩绘工作等等。对总体工程的全面把控不仅需要主持建筑师具有丰富的实践经验、广博的科学知识,还要具备一定的创新能力,以应付建造中可能出现的各种问题。

在建造佛罗伦萨圣母百花大教堂的穹顶过程中,伯鲁乃列斯基几乎以一己之力承担了设计任务并负责整个建造过程。圣母百花大教堂的复杂历史无须赘述,需要提到的是,直到1418年教堂的下穹顶还没有开工。当时的难题在于14世纪教堂设计出来后,在很长的一段时间内都没人知道怎样建造这个穹顶。伯鲁乃列斯基的成功毋庸置疑归因于他的技术和数学才能,他不仅是建筑师,还是工程师,甚至是科研人员。在完成穹顶的建造期间,他的创造发明横跨了多个领域。作为建筑师,穹顶的空间分割、协调的尺寸以及巧妙的光线调节创造了令人身心愉悦的氛围;作为工程师和科研人员,伯鲁乃列斯基受到维特鲁威在《建筑十书》的描述的启发,发明了新的起重升降设备,用以运送包括400多万块砖在内的诸多建筑材料;此外他还发明了巧妙、无先例可循的螺旋千金顶用于穹顶的整体性建造。①

像伯鲁乃列斯基这样集各项才能于一身的首席建筑师还有很多,如西方的维特鲁威·阿尔伯蒂、帕拉蒂奥等;中国的鲁班、李春、李诚、喻皓等,他们不仅在众多著名工程中展现了高超的技术创新和艺术表达能力,还在建筑产品、工具研发以及建造经验整理中做出了杰出的贡献。

在技术发展相对稳定的状态下,建筑构造系统的封闭性一直持续到18世纪末。19世纪,随着工业化的生产制造技术的普及,机器制造逐渐取代了手工艺,这个发展过程不仅伴随着大量新材料、新工艺的迅速推广,还产生了新的建筑类型。功能的日益复杂和体量的日益增长使得原先固有的、封闭的产品系统逐渐发生了变化:一方面,工厂化生产的介入使得传统的从设计到现场建造的过程增加了新的环节,建造的流程开始分离、分层;另一方面,日益精细化的劳动分工使得建筑师的绝对核心作用被分化,结构、设备、电气等工程师开始在设计中占有越来越重要的地位。这个变化在19世纪末至20世纪初的现代主义运动中达到了高峰,并使得建筑构造系统的组合方式逐渐走向开放。

---

①付国良. 装配式居住建筑标准化系列化设计[M]. 北京:中国建筑工业出版社,2021.

第三节　从"通用产品"到"形式制造"

一、"开放"的起点："多米诺"原型实验——手工艺与工业化的结合

19世纪后半叶,工业化革命和资本主义的迅速发展刺激了现代城市化运动,人口的扩张、新的交通方式、建筑的集中化使得现代城市产生了日益激进的变革,而这个变革也和建筑工业技术革新的发展和应用密不可分。在城市化过程中产生的商业建筑和工业建筑从根本上颠覆了传统建筑的结构模式和建造模式。虽然19世纪末钢筋混凝土与钢结构技术的发展在"芝加哥学派"的高层商业住宅实践中得到了充分施展,但真正道出"标准框架"和"批量生产"实质的却是1914年由柯布西耶提出的被寇蒂斯形容为工业化的"原始棚屋"(primitive hut)的"多米诺"标准结构原型。

1914年,柯布西耶提出了多米诺(masion domino)标准结构,一种既可以独立又能相互联系组合的自由框架系统,这也成为建筑构造系统走向开放的起点。虽然,"芝加哥学派"在更早的商业建筑中已经展示了标准框架结构的力量与形式,但并未像柯布西耶这样将其作为一个纯粹的"原型"点强调。作为针对战后快速重建需求所提出的设想,这个概念不仅为现代主义早期自由、离散的空间组织奠定了基础,还提出了工厂化的批量生产模式,进一步促进了建筑工业化发展的进程。

多米诺框架系统使得空间不再受固有的"墙体"限定,并且可以实现骨架结构的标准化生产,"多米诺"骨架的构想"完全独立于住宅的功能平面,它只承载楼板和楼梯。它由标准构件组装而成,彼此可以相互联系。因此,住宅的组合具有了丰富的多样性。同时,钢筋混凝土的浇筑不需要模板……技术公司将骨架销售到全国各地,其组织与定位取决于规划建筑师,或更简便地由顾客来决定。"可部品通用化的理念在"多米诺"构造系统中已经有所体现,在柯布西耶的理想中,结构骨架是可以标准化生产的通用部件,而其他的如窗户、分隔墙体、家具等也可以根据需求批量生产。

柯布西耶的"多米诺"原型为建筑的开放系统展示了一个理想的愿景:

如果将一个建筑的各组成部分拆成零部件,分别作为通用的产品在市场出售,那么即使没有建筑师,客户也可以自由地选择产品并由承包商建造,这就是部品通用化的最终理想。柯布西耶的设想在当时无疑是超前的、先进的。他对标准框架结构便于空间灵活组织和多元产品的批量化生产制造前景的判断在多年以后被证明是基本正确的,只不过这个过程并非一帆风顺。即使柯布西耶自己,在"多米诺"的结构原则提出之后,也花了近15年的时间才得以完整地使用它。在这个过程中,柯布西耶进行了大量的住宅实验。

当我们回顾柯布西耶从1914年–1930年间15年的住宅方案以及建造实践,我们不得不惊讶于在"多米诺"原型的基础上,建筑师通过工业化生产技术形成如此丰富的建筑形式。柯布西耶在一系列工业化住宅设计中展示了通过模数控制来实现空间、产品多样组合的方法,并且这种多样性的演绎并不影响建造的经济性。由此可见,虽然柯布西耶提倡通过部品通用化实现产品大批量的工厂生产,而同时他也意识到了"定制"对于建筑的重要意义,这一点从传统的手工业时代到机器生产的工业化时代始终都是成立的。

不过在早期工厂生产技术相对简单的时期,柯布西耶的实验距离理想化的工厂批量生产还有一定的距离,尤其是定制产品的复杂性在机器加工技术条件不能满足的情况下,加入手工的方法是不可避免的。首先,结构骨架的标准化预制并非柯布西耶想象的那样简单,因为结构是建筑构造系统中最重要的部分,结构的设计不仅需要考虑场地环境、建筑的高度和跨度乃至空间组合等多方面复杂的因素,还关系到预制技术本身的成熟度。因此,从理论上来说,在工厂生产一种在大范围内通用的建筑标准框架结构是非常困难的,即使以目前的技术水平,这个目标依然未能实现。事实上,在柯布西耶大部分的住宅实验中,结构部分都是在现场通过模板和现浇工艺完成的。那么对于比较简单的窗户等零部件的工厂批量化生产实现起来是否要容易很多呢?

从当下的建筑制造业发展水平来看,答案是肯定的。但在20世纪初,批量生产特制的零部件并不容易,尤其是建筑师对这些构件有着诸多复杂功能设计的时候。柯布西耶在对建筑功能与形式有着重要意义的部件——窗的设计中投入了的热情是超乎寻常的。在1925年的《呼吁工业家》一文中,他这样写道:"我们现在能够以一种新的尺度生产一种新型的可以无限组合的窗。"对于柯布西耶而言,窗户作为采光和获得视野的功能是首要的,但不是唯一的。本顿(Benton)对库克住宅(villa Cook)的水平窗这样评价道:"事实上,它远非标准的滑动式推拉窗,它们有四种类型:固定式、滑动式、平开式和中悬式。"但由于构造复杂,这些看起来像是批量生产的窗户事实上只能手工制作,而柯布西耶显然也意识到了这点,"我做了很多这样的'带型窗',我注意到这些窗台还不够简洁,这些过梁也过于昂贵……由此窗户成了房屋中最贵的部件。不仅是窗框,窗洞也必须现场加工处理,更增加了成本"。为此,柯布西耶付出了很多努力来改进窗户,降低其复杂性,提高生产的简易性。

当然,在现代主义发展初期,意识到工业化批量生产与建筑特殊需求定制之间矛盾的并不只有柯布西耶一人。在包豪斯学校(Bauhaus School)的教学实践中,格罗皮乌斯开始探索手工与工业化结合的可能性,为了缩小两者之间的差距,格罗皮乌斯坚持在教学中加入不间断的手工艺训练,他认为"手工艺的训练是为了给大量的生产设计做准备。从简单的工具和制作开始,学生可以慢慢掌握更复杂的机器使用方法和解决复杂的问题,同时,在这个过程中,学生可以从始至终接触到完整的生产过程"。在包豪斯之后,格罗皮乌斯又继续将之前教学的精髓延伸至德国南部乌尔姆(UIM)艺术大学的教育中,在那里鼓励学生们研究适合大规模生产的产品设计样品。

不过,尽管现在代主义初期,诸多建筑师围绕标准化、大规模生产进行了大量工业化建筑实验,在第二次世界大战后开始的城市大规模的重建工程中,这些实验却几乎没有一个影响了商业市场。"最终占领市场的集合住宅所涉及的相对原始、粗笨的技术与曾经激励格罗皮乌斯和其他现代主义幻想家的复杂的工业化制造方法完全不着边际"。

开放系统的发展出现了什么问题?为什么建筑师们手工艺与工业化生产技术结合的实验不能推广应用?在克里斯·亚伯看来,格罗皮乌斯(包括勒·柯布西耶等)关于手工与工业化结合的折中方法的积极意义在于他们看到了从简单到复杂的生产工具手工制作和工业化生产的衡量尺度是相同的。但另一方面,他们并未注意到手工与工业化之间的一些重要区别,不仅在产品的生产尺度上,在设计师对大规模生产过程的人为控制程度上,以及在最终产品可能实现的个性化程度上,两者都有着很大的差异。这种差异在小规模的实验到大规模的生产实践转变中被迅速放大,这个时候建筑师必须面临一个选择:是适应机器生产的批量制造方式,还是继续传统的手工建造方式。对于开放系统的倡导者来说,选择前者是自然而然的,因为工厂化的生产效率带来的经济效益是显而易见的,同时,部品通用化还可以保证整个建筑产业中一种严格的统一性。

二、"开放"的误区:"通用标准"的虚构与误解

第二次世界大战战后以伊兹拉·伊汉克朗茨(Ezra Ehrenkrantz)为代表的众多早期建筑工业化运动倡导者坚持将标准化和模数协调作为实现开放系统的部品通用化理想的手段。在伊汉克朗茨的《模数模式》(Modular Number Pattern, 1956)中,作者提出了工业化建筑的若干规则:标准化和模数协调是其中的重点,前者针对构件类型的有限控制,后者则为这些标准化尺寸的构件提供一个可变的数字量度标准。伊汉克朗茨认为只有通过这种方式才能在保证大量生产的同时实现产品的多样化,这种观点在早期建筑工业化运动中得到了普遍的认同。

虽然标准化和模数协调并非工业化的产物,在传统的手工业时代就已经产生了,但建筑工业化运动的倡导者将标准化抬高到了前所未有的高度,并期望以此统一整个建筑市场。这种试图在全行业中推行标准化的意图走向了部品通用化的极端,放弃了"定制"对于建筑独特的重要性,最终产生了"通用标准"的虚构与误解。在早期工业化"批量生产"与"批次生产"的方式下,一种简单的观点产生了:一种组件生产得越多,对于大量生产就越经济。因此就形成了将各种建筑类型加以归纳整理,来保证建筑部件市场最大化的想法。这种概念在第二次世界大战后大量的城市重建项目中,被加以政策性的引导,在诸多行政性的建筑项目(学校、住宅)中推广。[①]

"通用标准"成为建筑工业化运动倡导者为在最大范围内实现建筑部件生产化愿望而推行的固有设计方法,他们认为"通用标准"可以促进高效的设计,并和大规模的工厂化生产紧密结合,实现建造的经济性。事实上,产量增长与成本下降的关系在建筑产品中并非建筑工业化运动倡导者

---

①夏志刚. 住宅建筑标准化设计的通用性和特点分析[J]. 居舍,2021,(27):103-104.

所设想的那么简单。由于早期机器生产多依靠单一的流水线作业,因此,一旦为特定目的建造机械而投入的资金在第一次的批量生产收到回报后,成本继续降低的水平就严格决定于设计方案的经济性。为了提高对材料更有效的利用和满足现有工艺的技术条件,执行教条的规范和标准就成为维持产品经济性的决定性因素,而不是依靠产量的增加。

显然,建筑工业化的鼓吹者们在沉醉于开放系统的时候,忽略了建筑作为一种"定制"的产品的特殊性。建筑在应对不同环境、场地、功能要求等条件下所必须实现的特定结构、性能需求与"通用标准"的目标是冲突的,即使是同一种类型的建筑,客户的需求、环境场地的差异对建筑的整体性能标准要求也是不同的。虽然获得了短期的经济效益,但是固有的、教条的工业化生产的弊端很快就在多样化市场的需求下暴露无遗,建筑的品质和城市的景观都受到了固化、粗陋的工业化生产和建造技术的影响。

对于开放系统倡导者对"通用标准"的虚构与误解,克里斯·亚伯的评论是一针见血的:"如果坚持了建筑师们想要的通用标准。那就不可能对标准内的任何零部件进行大的改动,因为它将背离标准。随之可以推出的结论就是,除非整个行业中所有相关的零部件同时被调整,否则任何一个零件都不能被修改,这并不是夸大其词,事实上,正统的现代主义者的目标就是通过这种清晰的设计,来确保整个建筑产业中的严格的统一性,将整个欧洲市场统一于其中。但是这种涅槃的实现将意味着技术始终停留在最原始的标准范围内,因为进行全局改革所需要付出的巨大努力会使任何一个试图变革的人望而却步。无论是技术还是其他方面,这种标准化的概念最终会将建筑产业变成一种非常原始粗陋的技术产业。"

建筑工业化运动的倡导者对产品标准化和模数协调适用范围的误解导致了将建筑设计变成了对工厂化的标准生产工艺的依赖和构件尺寸的模数协调设计,这个观念是对制造过程的根本性误解。即使是其他产品,在这一点上也和建筑无异,那就是生产制造的基本原则之一,如果一个产品是为效率最大化的设计,那么它的各个组成部分就必须以最接近所需求的整体性能标准的方式整合起来,标准化与模数协调只是手段而不是目的。

三、"折中"的开放:"表皮定制"与线性的流程

从开放系统早期的手工艺与工业化生产的结合到完全依赖工厂化生

产的"通用标准",建筑工业都在努力实现部品通用化的理念。那么部品通用化适当的条件是在什么情况下产生的呢？或者说部品通用化的理想真的可以实现么？其实在柯布西耶刚开始"多米诺"实验的时候,这个问题就已经有了答案,对于复杂的建筑构造系统而言,实现所有部品的通用化只能是温不可及的"乌托邦"。

因为"定制"对于建筑产品来说是不可或缺的,即便所有的产品零部件都可以在工厂预制,但在特定的需求产生之前,绝大部分产品并不能摆上货架。我们可以在建筑厂商的产品目录中找到众多产品,但这些产品中的大部分在具体的项目中是需要根据特定需求重新生产的,建筑产品的制造模式基本上采用的是 ATO、ETO 和 MTO 模式。我们可以直接从商店购买汽车、电脑、手机等终端产品,而从商店可以直接购买的终端建筑产品几乎没有。

虽然绝对意义上的通用化对于建筑产品是不现实的,但不可否认的是,随着建筑系统构成复杂性的增加,通用产品的种类越多,对大量的建筑产业运动中建造的成本控制、快速的设计都是有利的。因此,对于建筑面而言,一种综合平衡"通用"与"定制"的"折中"的开放系统才是更合适的。"折中"的开放系统在"信息化控制的工厂"的可变性生产与密斯的"分离原则"相结合之后得到了迅速发展。

当由计算机控制的分层系统组成的一种适应性更广泛,反应更迅速的"信息化控制的工厂"被引入建筑制造业后,"批量生产"和"特定制造"的矛盾得以解决。一方面,之前柯布西耶、格罗皮乌斯等建筑师所实验的手工艺与工业化结合的不合理之处消失了,手工艺到自动化工具的尺度变化反映了一种真正的连续性。另一方面,通过"尺寸控制来协调零部件"的教条的工业化生产方式被灵活的可变性生产取代,零部件的可替换性真正实现了产品的多样性,工厂可以根据特定的需求制造特殊的零部件,搭配特别的建筑。

如果说"批量定制"为开放系统提供了理想的生产模式,那么密斯的"分离原则"则为越来越多元的产品自由地组合提供了具有普遍兼容性的"结构内核"。虽然柯布西耶的"多米诺"骨架已经体现了结构与围护体分离的概念,但真正将其在大尺度的现代建筑中灵活应用的史密斯。密斯经过一系列的钢结构建筑实践,最终在1951年的芝加哥湖滨公寓的设计中,将通透的玻璃幕墙与钢结构彻底地分离。分离原则为密斯的建构形式表达带来了自由,在之后多个类似项目中,建筑表面的钢竖框已经成为其个人风格(对钢建构形式的偏爱)的象征,在钢竖框之后的真正结构构件是钢还是混凝土都无关紧要了。

虽然密斯言不由衷的建构形式并不被一些建筑师认同,但基于分离原则的构造逻辑还是被广大的建筑师所接受,很快,"标准框架结构+自由产品"的组合方式成为现代建筑一种通用的建造方式。作为早期开放系统的变体,虽然它并未实现全面的部品通用化,但它的粘容性为灵活地使用通用部品以及借助自由"表皮"的定制实现建筑形式的多样化提供了一条切实可行的设计、建造模式。在保持经济效益的前提下,显然,标准的框架结构能够提供一个坚固、经济并且灵活的空间,尽管这个结构系统依然需要根据具体的工程需求特定制造(现场的或是预制装配的),但是在多数情况下建筑师或者结构工程师都可以遵循一套成熟的规范,尤其在高层建筑领域,它是通用的。在这个灵活的空间内,空调暖通、机电设备、轻质墙体、家具等通用的产品可以根据客户需求自由选择,而最终出建筑师设计的"特制"的表皮系统将为这个复杂的终端产品覆上一层精致的"饰面"。这种通用的构造系统组合方法,在格里高利·特纳看来,就是"由建筑师设计一个外壳,然后在外壳中填充各种内容,最后将结构、设备、电气和管线工程师的工作全部掩盖起来"。

特纳的观点不仅指明了当下流行的基于开放系统的建筑构造组合方式的特征,还更深层次地点出了导致开放建筑构造系统演变的一个重要因素——劳动分工的日益加剧。随着建筑构造系统的复杂化与日俱增,为了提高设计、生产与建造的效率,团队合作逐渐成为一种必然的趋势。阿尔伯特·康在20世纪30年代-40年代的工业化建筑设计中,就提出了一种新型的建筑设计组织,为了使设计、建造流程像工厂生产线一样流畅,各个专业必须分工明确并紧密联系,有组织的、效率的设计是团队工作的基本原则。对此,阿尔伯特·康宣称:"(工业化)建筑90%是关于业务,10%是关于艺术。"这种"流水线"式的流程在20世纪中后期成为建筑设计的标准模式,至今依然是众多设计事务所运行的基本模式。现代通用的建筑设计建造的流程就像早期工业化的"流水线"一样分工明确,同时,也造成了设计、生产、建造流程的分层、分离。

对于开放系统来说,这样的设计与建造流程是顺畅的,因为所有的工作都可以得到精细化的分配,在标准框架兼容的空间模式下,随着部品通用化程度不断提高,建筑师的工作也越集中——基于功能与场地的建筑构思以及最终建筑形式的控制。但一个问题也随之而来了:当原本属于建筑师整体控制的建造流程被分割之后,建筑师还能做到统筹全局么?

四、"开放"的局限:滞后的创新研发

从20世纪大部分基于开放系统的建筑设计、生产、建造流程来看,从现成的产品目录上选择零部件是大多数建筑师与建筑工业联系的全部内容,具体来说,就是大部分建筑产品的批量定制只局限于定制程度较低的ATO、STO与MTO阶段,按照ETO进行定制生产的建筑并不多见。由此可见,从早期工业化过程中对机器的适应,到后期对机器的依赖,大部分的建筑师都未深入生产制造端,或者说都远离产品工程。尽管为了缩减建造成本和周期,选择现有的建筑产品零部件是建筑市场细分原则的自然结果,但建造承包商的出现使得建筑师与生产部门的关系变得更加薄弱,设计与生产、建造的分离、导致设计部门和生产部门除了顾客的关系有所接触不再紧密联系。建筑市场已经被各种专业高度分散的从业者所占据:建筑师、建造师、工程师、科学家等,这些从业者各自从属不同的机构,这些机构的计划与期望也不尽相同。在过去一个多世纪的发展中,这些分离的要素已经被制度化,它们包括了各自分高的体系培养、独立的教学计划、各自的职业资格认证和职业保险要求,以及各自独立的专业机构回。

当大多数的建筑材料生产变得工业化,并且成为专业产品工程师的专长,集成的环境控制系统将只有单一用途的骨架与外壳的建筑变成庞大复杂的机器时,建筑师从主持建筑师变为系统中的一员似乎是理所应当的。不过问题是当建筑师的任务被分割的只剩下"形式制造"之后,建筑学反而逐渐失去了这个唯一的领地。

随着生产部门的独立,事实上,建筑师在最上端围绕场地与功能进行的设计构思与末端材料选择、产品的生产、现场的建造产生了严重的分离,不仅建筑产品的材料选择、产品研发和组装已经被分给了其他专业部门,乃至最终的建造手段和建造方法也被分离出去。现在,建造的方法、流程由建造师决定,产品的研发由工程师决定,新产品的组成和物理性能

由材料科学家决定。过去主持建筑师同时控制建筑材料、产品和建造的方法，协调不同元素的组合和搭配，使得整个建造的过程完整流畅。而现在，各个学科之间的交流与沟通甚微，尤其是建筑师与产品工程师和材料科学家之间几乎没有沟通，在建筑的外观越来越依靠材料和工艺实现的当下，建筑师与产品设计分离的后果是可想而知的。

当建筑师在越来越广泛的专业化领域中话语权不断降低的同时，也意味着建筑师逐渐失去了对建造系统控制的能力。另一方面，当建筑师被动选择产品又想努力创新时，只能在"形式制造者"的困境中越陷越深。虽然在19世纪末，新材料的研发有了爆发式的发展，并且对建筑的建造方式及变革产生了重要的推动力量，不过100多年过去后，在建筑中应用的新材料和新工艺与其他制造领域相比依然是捉襟见肘的。瑞士公司于1999年进行的一次调查表明，建筑行业的新产品销售率仅为10.7%，而其他所有工业部门的平均数值为37.1%，建筑行业明显处于劣势。而同时，在接受调查的所有公司当中，只有24%的公司实施了研究与开发（R&D）工作，明显低于整个产业49%的平均水平。

进行材料创新的主力军依然是原材料和建筑材料工业实验室的研发人员。建筑师在大部分的时候都是这些工业材料的直接享用者，为了满足自己的设计理念，设计师会与供应商联系，对材料进行改良，但由于建造活动不像汽车和航空制造业可以直接产生效益，供应商并不会积极地改变材料的基本结构，除非这个改动可以产生一种值得推广并可能获得巨大效益的新型产品。虽然我们也看到了大量的材料如塑料、玻璃纤维聚合物、陶瓷、钛合金等在建筑形式创作中的应用，但大多数建筑师选择这些材料的原因多数出于对新奇事物的追求，而在其他制造领域，众多开发和应用新材料与工艺的理由都与新奇毫不相干，从造型出发而不是从目的出发是建筑师与产品工程师应用新技术的本质差异。

尽管20世纪后，现代主义运动试图创新建筑的时代风格，但大多数建筑师的实践只限于建筑的外形，而并未涉及新的工业化生产制造方式。20世纪50年代，"新粗野主义"试图通过直观地在建筑中表现材料与构造工艺来表达他们对"现代"的看法，并以此反抗对传统主题和材料的滥用。他们中的代表人物史密斯夫妇（Smithons）希望自己的建筑能够更直接地反映真实的构造，而不是看上去像，而事实上却是另外的事物。在英国诺福克的亨斯坦顿学校（Hunstanton School，Norfolk，England），我们看到了一个真实的"筑物"钢柱框架与填充体的组合。其中，钢柱框架完整地暴露在外面，与玻璃和砖墙形成的填充部分共面，清楚地表达了作为承重的作用，而玻璃和砖则表达了两种不同工艺的差异——"轻"的与"重"的、"实"的与"透明"的。

尽管摆脱了传统材料和母题的固有表现形式，但这个"真实"的构造系统未脱离基于"形式制造"的设计，只不过换了一种方式。首先，对称的网格与相同的填充材质形成了均衡统一的建筑整体立面形式，这种基于图面完整表达式的设计语言在创建了一个完整形式的同时也隔断了功能与环境之间真实的对应关系，比如开窗的位置和大小应该由内部的采光、通风需求决定，而不是由构图决定。其次，虽然采用了工业化的产品，但这些产品之间并没有必然的内在联系，它们之间的组合完全是由建筑师凭借个人感觉面形成的，柜架中的填充体是自由的，史密斯选择了玻璃和砖，那么其他建筑师或许可以选择玻璃和石材或者玻璃和金属板等等。尤其重要的是，由暴露的钢框架和填充体形成的围护体构造的热工性能是极差的。当建筑师专注于表现材料本身的建构特征时，建筑性能和其相关的用户使用舒适性已然被忽视了。显然，"开放系统"赋予建筑师在材料和工艺选择上的自由度让建筑师在不知不觉中陷入了另一种"表现工艺技术的形式制造"的窠臼，这点和传统的母题形式应用在本质上没有区别。

长久以来，对建筑形式的关注已经成为建筑师实践中不可避免的强大惯性，无形中推动着大多数建筑师围绕着"开放系统"进行建筑实践，因为开放的过程更现实，这种现实主义具有实用和人文的双重维度在一定程度上满足了多变的市场需求。即使不通过工业化生产技术，建筑师也可以利用手工艺来实现建筑的个性需求。但无论是之前以古典艺术风格来强调人文关怀的装饰艺术，还是之后直接展示材料与建造工艺的"图像再现"，都无法真正摆脱"形式制造"的桎梏。当对新材料和工艺表现为目的的创作成为建筑师与工业制造领域结合的方式时，它们的持久性通常都是短暂的，比如，早期建筑师对暴露的钢结构形式的推崇，随着能源危机的出现，很快就成为突出的反面教材，而那些过于专注复杂形式表现而影响建筑基本性能的案例也同样被后人诟病。

从推动生产力发展的角度而言，建筑业的发展需要有价值的材料和建造技术的原创性进步,而当应用新材料变成昂贵的"炫技"表演,对于大量性的生产而言,并没有普及和推广的意义。这就造成了有实力的建筑事务所通过加大建造的成本形成标新立异的建筑以博取眼球、扩大知名度来获得更多的"订单",而更多的事务所在激烈的竞争中只能退而求其次,通过扩大设计的产量来维持经济效益。对于前者,满足新奇刺激的产品研发对建筑业整体发展的提升并不显著,后者为获得短期的经济利益而在产品研发端的惰性影响了整个行业的技术发展前景。在开放性已经成为市场不可改变的运行规则之后。建筑构造系统的组合方式呈现明显的开放性是不可避免的,但没有控制的开放对建筑发展所造成的不良影响已经日益明显,改变势在必行。

第四节 "垂直整合"的定制设计

分离、分层的建筑构造系统使得建筑师的整体控制力不断下降,这种潜在的危险在于对生产和建造的"放任",不仅会影响建筑的整体性能标准,还会影响我们赖以生存的环境,比如资源的浪费、环境的污染、更多的碳排放都有可能在松散的生产与建造过程中出现。在环境问题日益突出的当下,发达国家不仅已经开始放慢建造的节奏,更开始反思一成不变的建筑产品的设计、生产、建造流程。从隐蔽的变化到更多显著的实践,建筑师逐渐意识到"形式制造"对于建筑可持续发展的危险性,并开始和生产制造密切地结合,以满足建筑整体性能标准需求重新整合设计、生产、建造的流程。

在"开放性"占主导的整个20世纪,传统的"封闭性"并未消失,它经过新的生产力转换后依然潜行于一些专注于工业制造领域的建筑师的研究与实践中。20世纪后期,随着信息化技术的发展,建筑产品系统中新的"封闭性"越来越明显,和"开放性"并称为推动建筑发展的"双轮"。随着信息化工具的发展,这种新的关系也越来越明晰,它和传统的封闭系统有着相似的基因,那就是要整合,不要分离。但在系统构成和技术手段上又有了质的飞跃,是一种面向制造业的针对建筑产品设计、生产、建造使用、管理等全流程控制的闭环设计。

一、建筑产品流程设计的"闭环":自我革新的工业化住宅产业

住宅作为功能单一、体型相对简单、建造规模又最大的建筑类型,最早与工业化生产技术结合,并形成了系统的产品设计建造流程。柯布西耶关于"建筑批量制造"的概念就是基于工业化住宅提出的。不过,现实的发展并没有像柯布西耶所想象的那样,工业化住宅在早期以"产品通用化"为目标的发展之路并未走通,即使不像公共建筑那样有着明确的定制需求,市场的变化无常也需要批量生产的工业化住宅具有多样性。于是,有远见的住宅生产企业积极地借鉴汽车、飞机、轮船先进的研发、生产、制造流程,在系统的流程整合下批量定制了种类丰富的工业化住宅产品。相比较,只占整个建造流程中一部分的建筑设计部门,作为掌握第一线生产力的住宅制造企业,在整合资源方面有着更大的优势,这也成为封闭的流程整合得以在住宅产品领域率先实现的原因。工业化住宅产品从结构类型上可以分为预制混凝土、轻钢和木结构。

从适用性来说,预制混凝土装配(PC)技术是最为广泛的。先进的预制混凝土产品制造企业通过集成化的墙板、梁柱构件生产技术,在工厂预先制造特定建筑的结构以及围护体部件,形成不同类型的住宅产品。20世纪后期,国内诸多工业化住宅生产企业都开始引入预制混凝土装配技术,著名的如万科、远大等。这些公司不仅有完整的建筑结构、围护体产品生产线,还有齐全的配套设施、装修产品,通过资源的高度整合以及高质量的场外预制技术,实现了节地、节材、节能、低碳环保的可持续建造。同时,场外预制并没有限制建筑师在形式创作上的自由,如在卡拉特瓦设计的布字小区(瑞士)的连排住宅中,就采用了非规则形状的预制混凝土板,塑造了轻巧灵动的建筑形象,与环境取得了协调的互动关系。虽然构件的形式不是规则的,但批量定制的技术并没有增加额外的建造成本,建筑同时获得了艺术性与实用性。

相比较重型结构领域,闭环的整合设计在轻型工业化住宅中获得的成果同样显著。轻型结构装配技术的发展潜力在庞大的市场需求下迅速地被住宅生产企业转化为现实的产品,在投入大量的资金和人力进行研发后,众多发达国家的住宅制造企业形成了特有的轻型住宅产品系统,并迅

速占领了市场。在北美有85%的多层住宅和95%的低层住宅采用轻型木结构体系,如加拿大木业有着完整的木材采集、挑选、加工流程,所有的构件都在工厂制造完成并快速地在现场装配,德国的"HUF"木结构住宅产品从木构的材料加工到外围护结构、遮阳保温设备、隔声系统,形成了完整的生态节能技术。除了木结构,轻型钢结构也在住宅制造领域得到了广泛发展,著名的如意大利的BASIS工业化建筑体系、加拿大的"无比钢"(Web steel)住宅体系、美国的错列桁架结构体系等。[①]

不论这些工业化住宅产品有着多大的相似性,它们的设计、生产与建造都与早期现代主义建筑师基于"多米诺"体系的形式发展没有本质关联,所有的不同类型的产品零部件都是整体设计出来的,而不是从市场各处挑选出来的,它们都是成熟工业产品经过重新整合后形成的相对独立的建造系统。显然,在没有"对新奇的形式追求"干扰下的建筑产品设计,可以从更单纯的目的出发,对产品的性能、应用进行更深入的研究,并且这个研究的过程可以在整体的控制下向先进的制造业发展,"信息化工厂"的制造潜力在产品流程设计师的挖掘下得到了充分的展现。

以日本最著名的住宅生产企业积水公司为例,它们的工厂可以以平均每48min生产制造出一栋低层独立住宅的所有构件,并在一天之内在现场完成安装B1。高度整合的设计、生产与建造不仅实现了批量生产,还可以在一定程度上满足客户特殊的需求——定制。德国HUF住宅产品系列的每栋住宅都是在建筑师与业主密切沟通的基础上单独设计的,体系内特定的标准构件与连接方式保证了在高效设计、建造的基础上还能体现每个建筑的个性。这样的住宅生产企业还有很多,如日本无印良品公司的木之家、窗之家等。这些批量定制的工业化住宅产品实现了柯布西耶提出的"像汽车一样造房子"的理想,但实现的方法并不是其一开始设想的开放的多米诺体系,而是通过和汽车制造业类似的、高度整合的闭环流程设计得以实现。柯布西耶虽然意识到了应当建造"像机器一样的建筑",但他没有意识到的是,首先需要把建筑当作机器一样来建造。

虽然在住宅建造领域中,封闭系统得到了成功的应用,但对于更复杂的公共建筑,推行闭环的流程设计依然有着不小的困难。首先,固有的结

---

①郭戈,黄一如.同济博士论丛 住宅工业化发展脉络研究[M].上海:同济大学出版社,2018.

构形式会在产品研发端形成巨大的阻力,要使现有的建筑师和结构工程师摆脱一种简单易行而又有着较高经济效益的、成熟的结构体系并非易事,因为,特殊的结构形式也意味着加大设计、生产与建造的投入成本,这是大多数人所不愿看到的;其次,闭环的流程整合意味着固有的"串行"的设计流程将被分解重组,建筑师、工程师材料学家、建造承包商将重新建立一种新型的合作关系,打破原先分离、分层的界限,彼此密切地融合,为了统一的目标协调工作。这并不是一朝一夕就可以完成的,需要诸多有远见的建筑师持之以恒地研究新的合作机制与设计方法。

二、探索制造的本质:深度定制

虽然工业化早期的对"通用标准"的误解使得众多建筑师沉醉于开放系统,而对固有、教条的工业化生产失望的建筑师又远离生产制造端,并专注于建筑文化价值的重塑,但依然有一部分建筑师看到了工业化生产制造的潜力,并积极投入制造业领域寻求未来建筑更合理的发展途径。其中,理查德·诺伊特拉(Richard Neutra)、康拉德·瓦克斯曼和让·普鲁维(Jean Proure)是少有的在建筑工业化制造领域有着杰出贡献的三位代表建筑师。

1927年,曾经作为阿道夫·路斯和马克思·法比亚尼(Max Fabiani)学生的理查德·诺伊特拉出版了《美国是怎样建造建筑的》(Wie baut Amreika)一书,该书不仅畅销于欧洲、美国,还流传到了日本。书中介绍了吉尔(Gill)、赖特、辛德勒(Schindler)等建筑师的大量实践,尤其是在芝加哥的建筑,还包括了他自己设计的预制装配式住宅。在他的预制装配住宅的实践中,建筑师针对建筑的整体性能,进行了多项特殊产品部件的发明创造。在其职业的早期,诺伊特拉就开始研究各种预制构件,如面板。在后期的发展中,诺伊特拉发明了由蒸汽加压形成的"硅藻土"(一种在加利福尼亚贮量丰富的土)制成的面板。这种由澳大利亚化学家发明并由诺伊特拉兄弟获得专利的面板产品的应用前景在于在作为一种轻质高效的保温材料的同时还可以预制。诺伊特拉将这种面板产品称为"硅藻面板",并将其用于以它命名的住宅实践中。

为了实现他的标准化住宅可以方便地"插入"不同的场地中,诺伊特拉还研发了一种新的基础构造系统,这种新型的可调节金属基础产品既可以实现在工厂的预制,也可以保证建筑在自然起伏的地形中被轻便地组装,而不需要对场地进行特殊的处理,不管是沙地还是坡地都一样。这种对预制装配技术研究的执着在诺伊特拉一生的建筑实践中贯彻始终,并使其一直关注和借鉴汽车制造业的设计与生产技术以及它们的产品,然后将来自于机器制造业的灵感用于基于工厂化生产的系列建筑产品的制造研究中。

虽然诺伊特拉早期的预制住宅很快就被众多追随者模仿,但他并未满足,诺伊特拉希望能设计出应用更为广泛的工业化产品。在实践中,他意识到,大量应用标准化生产与"个性"的冲突,比如同样的单元如何适应不同人群的需求? 出于对人性化的考虑,"如何设计出多元的建筑产品去适应随着时间变化而改变的喜好,并实现建筑更为持久的适应能力",成为诺伊特拉思考的重要问题。这个问题在诺伊特拉看来是建筑独有的,因为,建筑为人类提供了一种独特的归属感,而汽车从来不需要面对这个问题。在将制造业的技术横向移植到建造过程的同时,如何能保持人的情感与视觉特征和建筑的联系呢?

诺伊特拉所关心的问题其实也正是早期建筑工业化运动的倡导者所忽视的,作为建筑整体性能标准中的重要一员,"个性化"是不可以被忽视的,而这也正是建筑独特的魅力所在,当然这里的"个性"所包含的内容远非过去"新奇的形式"那么单一。作为一个典型的案例,比尔德住宅(The Beard House)不仅展现了诺伊特拉在面临机遇与困难时对工业化要素的充分应用,还体现了对现代生活模式以及特定场地与环境条件的回应。比尔德住宅没有采用通常的木结构或者钢结构柱,而采用了压型波纹钢来支撑屋顶。建筑师对这种材料的使用是不同寻常的,甚至是颠覆性的,因为这种材料通常都被用来作为盖板,并被混凝土包裹。不过,在这个住宅中,这个材料被用作垂直支撑结构,底部被预埋在混凝土底座中,同时顶部焊接到支持屋顶面板的格栅上。波形钢板的内表面覆以石膏板,外表面则采用了钢板并覆以铝粉喷涂。这套结构系统不仅经济,还实现了对室内有效、巧妙的热环境控制,空气通过外墙底部进入房间并从屋顶排出产生对流,形成了"烟囱效应"。这样,夏天的热空气会通过"垂直管道"迅速排出建筑实现降温,而油毡和混凝土楼板下的空腔使得加热后的空气在冬天通过热辐射可以温暖上层的房间。

比尔德住宅获得了1934年的美国美好家园(Better Homes)竞赛的金

奖,评委们给予了这个设计高度评价:"通过结构与机械设备严谨的研究令人信服地表达了为特定生活环境创造的舒适居住空间……并且在既有的地域性和特定场所限定下为解决美国人的生活问题做出了不懈的努力。"这个评价很好地阐述了诺伊特拉在利用工业化技术成果的同时,对场所和地区环境特殊意义应有的尊重,也由此使得建筑产品获得了较高的整体性能。诺伊特拉对工业化产品的使用是有针对性的,而不是固定和教条的,比如将波纹钢作为垂直的墙体支撑结构,是出于对通风的考虑。同时,他对不同构造技术的使用是系统的,比如对现场(湿作业)和工厂预制(干作业)联系的组织与协调,新旧工艺的统一,如他将所有的面板、木构架以及钢板都喷涂了铝粉,以此将工业化和非工业化的材料与方法都统一在一起,这赋予了建筑更均质的整体性。

虽然格罗皮乌斯对现代建筑的影响无人不知,但却很少有人知道在其背后的另一位建筑师,他就是康拉德·瓦克斯曼。瓦克斯曼作为木匠出身,后师从现代主义大师汉斯·波尔齐格(Hans Poelizg),深根于古典主义几何传统的背景。20世纪40年代,从欧洲移民到美国的瓦卡斯曼开始了与格罗皮乌斯的合作,为预制装配建造系统的发展做出了卓越的贡献。瓦克斯曼是一位对机械时代生产技术高度重视的建筑师,从某种程度上,称其为工程师也许更合适。其著名的《建造的转折点》(The Turning Point of Building)一书将工业化时代建筑师应具备的专业领域扩展到整个制造业领域:基础研究、材料研究、生产技术、模数协调、统计学、产品研究、环境控制、设备、卫生学、组织体系、静力学、社会学、规划学等等。

他综合应用多方面的知识,从建筑构造的原理出发,对建筑产品的工业化生产技术进行了系统的研究,并提出了极具前瞻意义的建筑模块化设计方法。他致力于建筑预制装配技术的研究,对建筑结构、设备的工厂化生产进行了一体化设计,并采用了模块化装配技术,通过分析和优化,促使同一种模块可以适应不同的建筑产品的生产与组装。在这个过程中,瓦克斯曼和其团队设计了诸多具有原创性的构件和构造连接技术。

瓦克斯曼在开发通用组装模块的过程中,发明了一种封闭的构造连接,和早期机械时代暴露的机器连接方式不同,这种连接方式类似电子元件的卡扣式连接,通过三个面、三个棱和一个点的预制构件和节点设计,实现了封闭的面板组合,是典型的"通过复杂的过程展现简单的结果"的工业制造的原理。这种连接构造后来在瓦克斯曼与格罗皮乌斯的合作中，被应用于一种"通用板式系统"，通过标准的连接构造，实现了不同形式隔墙连接的类型化生产。在多种技术解决方案的实验中，最终选取了一种进行批量生产。尽管由于未做好有效的市场开发而导致该产品未能实现成功的商业化运作，但该项技术的先进性是不可否认的。

不仅在面板系统领域，瓦克斯曼对大跨度空间结构的构造创新也有着重要贡献。在其为"亚特拉斯(Atlas)机场公司"设计的可移动机库(1944-1945)空间网架系统中，瓦克斯曼针对结构的临时性、经济性要求，整合了大跨度结构与设备的一体化安装技术，设计了可以预留管线安装的标准构件和连接节点，而系统化的研究也成为之后空间网架与设备管线整合的大跨度空间发展奠定了基础。虽然瓦克斯曼对材料技术与产品制造的专注使得其一度不被广大建筑师所认同，因为忽略了建筑作为人的行为、使用功能和审美对象的需求，但其对工业化生产技术的深入研究方法是值得我们学习的。瓦克斯曼的研究为20世纪末建筑师在人性化原则的指导下重新掌握先进的生产技术，实现有弹性的定制产品方法提供了诸多实用的参考价值。

和前两位建筑师一样，让·普鲁维作为20世纪中期为数不多的全身心投入工业化生产制造领域的建筑师，他坚定地认为，一个试图让自己远离工业化建造的人不应该称自己为"建筑师"，那些"不投身工业化"的建筑师将很快被时代甩开。同时，他将飞机、汽车、大坝等相关领域的建造者都称为"建筑师"。他认为，现代建筑所依赖的设备都和工业产品制造密切相关。因此，系统的设计，将所有的部分整合起来，既是机器生产的特征，也是建筑建造的方法。

但普鲁维并不赞同建筑工业化支持者所倡导的开放系统。他这样说道："无论如何，我也不能认同……基于开放系统的生产制造。开放系统只在个体元素嵌入整体设计和引入一种要素的多样性的时候有用……让我们以一种封闭的方法开始设计，在我看来是一种更健全的概念。"普鲁维进而解释道："机器很少是用从各处挑选的部件拼装的，它们是总体设计出来的。"普鲁维认识到，产品为了追求效率最大化，其各组成部分必须以最接近需求的整体性能标准的方式整合起来，这一点正是建筑工业化支持者所忽略的。

普鲁维对与平面媒体(graphic media)的设计方法完全不感兴趣,他通常采用全尺寸的、没有间断的模型研究,对此,他说:"我相信你必须先建立一个基本的、符合想法的样板,测试它,更正它,从而获得可靠的意见,然后,如果它是有价值的,你才会在精确的绘图中确定所有的细节。"得益于在金属加工车间受过的训练,普鲁维完全可以完成自己的设计以及设计的模型,他建立了自己的实验室,在实验室中,他建立了"工人多与"(worker participation)制度,在这个制度中,合作者既不是管理人员,也不是在工人之上发号施令的"设计者"。所有参与工程的人员都共享最终的利益,不论是专业上的还是经济上的。对此普曾维这样说道:"在实践之外的独立研究是应当避免甚至是被禁止的。那些不相干的研究将会对建造毫无帮助以致浪费大量的时间。建造者需要在现场做出判断,而设计者也需要及时发现并找出自己的问题。因此,设计者与建造者必须形成一个共同的工作团队以保证互相之间连贯的交流。"

在福特主义中流行的,并被阿尔伯特·康等价应用到设计中的层级系统完全被普鲁维抛弃了。受过相同训练以及被委以同等重要任务的个体不分主次,为统一的目标协同工作,他们设计了众多对建筑的未来发展有益的原型产品、结构框架,其中最显著的是建筑面板系统。大多数来自普鲁维工作室的建筑产品构件多为复合型的,即结构框架与表皮并不可以剥离,整体性可见一斑。普鲁维对建筑面板系统的研究投入了大量的精力,并显示了其在这一方面卓越的发明创造才能,他是第一个在建筑中使用折叠金属板的建筑师。在其1963年为圣·埃格雷夫设计的一座学校金属面板系统中,普鲁维的设计完美地诠释了他的格言和工作方法。透明的玻璃、不透明的金属面板和可调节的百叶组成了一个整体的立面维护系统,所有的构件都经过精确的设计,而不是现成可用的产品。显然,普鲁维从汽车和飞机制造技术中得到了不少灵感,并用于建筑的构造设计中,这点在其面板元素的设计与制造中有显著体现。

在法国克里西的公众之家(Maison du Peuple,1939)设计中,普鲁维为建筑精心设计了一套铝合金面板,使得建筑的整体形象和品质完全通过工业化产品本身来表现,而不是依靠传统的比例均衡,也非工业化之前的手工艺表现,对于传统来说这甚至不可以用"立面"来形容的来自实验室与工厂的产物被藏维·莱瑟巴罗教授称为是一种革命性的进步:"如果这个建筑是有'图像'的,那么这个'图像'就是产品本身……这些由普鲁维的样板中发展起来的面板产品不仅是新颖的还是特定的,这些面板是为满足建筑需求而不断优化的结果。为了提高建造效率,这些面板轻质、自承重并且便于装配。"在构造细部中,我们可以清楚地看到为了整体性能而进行的独特设计:双层空心的面板内覆有石棉保温层,外层金属面板在端头进行了浅浅的折弯处理,并在端头加弹簧以加强面板强度,防止金属面板产生曲翘变形;折弯的部分在背面进行了90°的反相折弯,用以固定沥青防水带。在内层板的空隙处则通过铝制扣板盖紧,在这个精巧的面板系统中所有的设计都是针对明确的功能需求,而铝板端头的折弯所产生的建筑立面形式上的韵律变化只是附带的工艺美学效果。

现在,这个相似的幕墙制造工艺已经得到了普及,并且种类还丰富了许多,但对于当时大部分建筑师而言,普鲁维做到了他们梦想过但却没有能力办到的事——工业化设计。从理查德·诺伊特拉、康拉德·瓦克斯曼到让·普鲁维的工业化生产技术的研究与应用来看,他们的作品并未像其他现代主义建筑师所展现的那样"标新立异",但他们的工作方法以及在工业化设计领域前沿探索的价值随着制造业以及信息化技术的发展得到了越来越重要的体现。

从20世纪后半期开始,随着预制装配技术的成熟、信息交互技术和学科交叉领域的持续发展,闭环的流程整合由局部领域向更大范围的建筑产业渗透的物质条件开始成熟。随着客户要求的提高、建筑业竞争激烈程度的加剧,在越来越复杂的大型公共建筑项目中,普鲁维的工作方法或者说"协同工作"的机制得到了应用和扩展,建筑师开始主动转变自身的角色,寻求更大范围的合作以寻求解决复杂建造问题的最佳方式。

三、垂直整合:并行的流程

经过一段时间的酝酿,创新的步伐在20世纪70年代又一次加快了,这次的创新借鉴了早先建筑师在工业化制造领域尝试的经验以及其他制造业的发明在建筑实践中的应用。虽然出发点各异,但加紧与制造业的合作是诸多建筑师改变的共同点,建筑师开始有意识地整合下游的生产力量为更具说服力的建筑创作提供技术支撑。

日本的新陈代谢派(metabolism)在著名建筑师丹下健三的影响下,开始与新的工业化生产技术结合,致力于城市与建筑的动态研究。丹下健三在1959年这样说道:"在向现实的挑战中,我们必须准备要为一个正在来临的时代而斗争,这个时代必须以新型的工业革命为特征……在不久的将来,第二次工业技术革命(即信息革命)将改变整个社会。"在信息化技术还未普及的当时,丹下健三的观点是有相当的前瞻性的。新陈代谢派对信息化社会特征的把握并不是非常准确,而诸多新陈代谢派的实践也没有对社会问题做出相应正确的对策。尽管并没有显著的成果,但强调与工业化技术应用相结合的发展方向却并无偏颇,他们的努力为日本现代建筑的发展提供了正确的思想基础和人才储备。

在这些零星的实验中,一些案例至今依然具有相当的典型性,它们为之后的建筑师在更广阔的领域内寻求与制造商合作,以及打破传统的层级限制,迈入整体的设计、生产建造流程提供了较高的参考价值。由黑川纪章设计的东京中银舱体大厦就是一个典型的案例,和普鲁维的法国公众之家一样,建筑的形式完全由产品本身的品质所决定,它与当时依然盛行的通过折中风格重塑建筑文化价值的后现代主义以及基于分离原则的"国际式"建筑毫无关系,每一个填充在整体框架中的舱体单元都立场鲜明地表明了自己的态度它们是高度集成的工业化制造技术的产物。

建筑师在这个独特的设计中摒弃了之前通常对预制单元的偏见,通过与集装箱制造厂商的合作赋予了每一个单元一定品质的生活空间:用高强度塑料预制而完成封闭的舱体单元,舱体内预先安装了浴室、厨房、家具等一应俱全的设施。虽然每个舱体都不大,但是建筑师还是精心设计了舱体内每一个部件。例如,在圆形窗户的设计中,设计者为了实现室内光线的可调节性,利用合成纸材料设计了可折叠的百叶,通过固定于窗户中心玻璃上的环轴自由开闭。分散的个体被统一在牢固的框架结构之内,规整又稍有变化的堆叠让零散的局部组成了有个性的整体,充分回应了在高密度城市中心节约用地的原则和一定经济成本控制的需求。模块化的装配建造设计还赋予这个建筑额外的好处,那就是建筑的每个组成部分都是可以更新的,这也符合新陈代谢派的设计理念。

这个看似简单像搭积木一样的建造形式充分体现了制造业深度结合的优势:将复杂的生产过程交给工厂,留出更多的时间用于创造性的建造设计。当零部件生产高度集成化之后,建筑师就不能只是作为顾问的身份而必须是以研究与开发的统筹者来控制整个设计过程,传统的设计(design)承包(bid)建造(build)模式就变成了设计——建造(DB)模式,去除了承包商的中间环节,或者说以建筑设计团队为总领的承包商方式精简了设计与建造的流程,设计的思想亦可以更早地介入工厂的生产环节,这样更有利于改进和协调施工建造,从而更好地控制建造的成本与质量。这与普鲁维所倡导的"工人参与"机制有着很高的相似度,不过对于更复杂的工程而言,这种流程的组织也更为严密。中银舱体大厦的设计与建造已经初步展现了这种新型流程设计的先进性,但将这个新模式的潜力发挥到极致的要数高技派的代表人物诺曼·福斯特。

虽然不能确定福斯特合作事务所(Foster Associates)设计完成的香港汇丰银行项目(1986)是否为最早在复杂形体的建造实践中采用DB模式的案例,但可以肯定的是,这个项目是采用DB模式中最成功的案例之一。在福斯特早期的建筑实践中,他们与其他大多数事务所类似,也限于对现有工业化成果的利用。而在香港汇丰银行的项目,事务所采用了一套全新的设计与建造的方法——几乎所有的零部件都由事务所设计,并和相关厂商的设计与生产人员密切合作,使得所有的部件都经历了从样品测试到成品制造的完整过程。建筑师团队与生产部门毫无隔阂地通力合作使得工程进展中遇到的复杂问题得以迅速找到最优解决方案,而不是以通常在开放系统中建筑师向产品工程师妥协的方法去回避问题。在这个特殊的钢悬挂桁架结构工程中,结构杆件、束柱、悬挂杆、交叉桁架等不同类型的杆件都需要防火覆层和免维护表面,出于结构稳定的考虑,随着楼层升高和竖向荷载的减小,杆件的结构截面也在相应减小,由此产生了成千上万形式各异、大小不一的维护面板。数量巨大,形式复杂的铝板不仅对设计提出了苛刻的精度要求,更不要说制造的难度了。

为了更高效地解决上述问题,建筑设计团队迅速开始对现有的工具进行了重大改进,为此,专业的美国公司Couples被选中进行这项工作,包括了计算机控制的可变冲压机以及许多焊接机器人。虽然前期耗资巨大,但工程的收益也是显著的,不仅节省了大量绘图的劳动力和传统冲压机重新调试的时间,也避免了组装中的焊接变形。在人工越来越昂贵的未来,节省绘图时间和采用机器人代替人工进行生产都将为建造节约大量成本。尽管为特殊生产的机器付出了高额成本,但由于可变性机器固有的灵活性,最初的采购成本无须通过传统的大量重复性生产来补偿,而可以通过类似项目的再生产和更广泛的应用来分期偿还。

灵巧的工具为这个特殊项目的零部件制造提供了高效的生产途径,更重要的是在流程得到整合后,由协同工作形成的"快速跟进"(fast track)的施工计划使得工程整体效率提升。克里斯·亚伯认为这个项目的重要意义不仅在于它包含了当时计算机化机器生产在单体建筑中的最大应用,更在于福斯特及其设计小组所用的设计方法和这些特殊工具之间的独特关系,"现在,我们有了格罗皮乌斯曾经提到过的只有在当今我们掌握新的技术条件后才可能实现的手工业和工业化统一的第一个实例。值得强调的是,这个案例研究的全部内容包括了建筑师和工业密切合作,设计、测试、生产以及组装不计其数的各种建筑零部件,并且这些部件只应用于这个唯一的项目中,在这个过程中,还使用了大量全自动化的、灵活的生产工具。所有这些内容的总和就是大规模的工艺技术,它完全颠覆了曾经固有现代主义运动教条的、使建筑师脱离他们所依赖的建筑工业化工具和产品的工业化发展方式。"

除了全面与工艺技术相结合,这个被克里斯·亚伯视为后工业化(信息化)时代的重要代表充分展现了一种并行的流程整合设计方法。在传统线性的建筑设计流程中,设计决策的权利和责任大多是自上而下、分层划分的,而建筑产品生产制造以及建造的过程也是分层的,但顺序恰巧和设计是相反的,是自下而上的。随着设计与生产部门的无缝衔接,在计算机化的信息交互工具的帮助下,通过虚拟的、可视化的即时交互技术,一种新的流程已经建立,不管是设计还是建造都不再需要遵循固定的形式,设计不必完全是自上面下,建造也不必自下而上。设计与建造可以根据实际需要解决的问题并行交叉进行,分模块和集成化设计将取代原有的流水线作业模式。相比较前者垂直的单线结构,后者更多的是一种水平的多线结构。传统的垂直串行流程限制了信息从雇主到建筑师和承包商、建筑师到工程师和承包商以及承包商到制造商之间的传递,而水平的并行流程清除了设计团队与制造团队之间的交流障碍,也使得利益相关者的信息交流更直接。

这种已经在制造业领域成熟的并行设计流程逐渐改变了建筑产业模式,建筑师将一个完整的建筑分解成连续的、具有较大体量的组件或模块,在不同的地方、不同的企业进行生产和加工,直到现场安装的末端,所有的组件才会装配成为个整体。为了实现同步生产,设计团队与生产团队从方案的初始就汇聚在一起,研究和开发每个不同的模块。在这种方式下,每个组块都是独立设计和生产的,但是连接的接口是统一的。设计团队的合作方式不再是单一的从设计到结构再到设备的单线联系,而是结构工程师与设备工程师与建筑师从方案的可行性研究开始,起深化方案,保证来自各方面的新颖见解能够成为设计优化的综合推进因素,并通过和材料学家、产品工程师的及时沟通迅速进入样品开发阶段,使得需要特殊定制的产品可以随着方案的进行快速跟进。当方案趋于成熟的同时,也是产品可以进入量产的阶段。并行的流程解决了滞后的产品研发所造成的成本与时间的耗费问题,也提高了建筑技术创新的积极性。

19世纪末至20世纪初,众多成功的案例表明,当建筑的建造过程越来越靠近制造业的时候,建筑师与生产制造端的密切配合非但不会削弱建筑师对总体设计的控制,反而会促进建筑工程的质量和原创性的进步,过去,主持建筑师通过同时控制建筑材料产品和建造方法来实现对建造过程的控制。而现在,虽然无法回到集所有职能于一身的时代,建筑师在坚守基于功能和场地条件进行的建筑构思等核心领域之外,通过在产品材料、工艺、组装等领域的延伸,依然可以推动建筑科学的几大衍生学科(施工、产品制造和材料科学)的集成。

在这方面,伦佐·皮亚诺工作室的近年来成就在同行中是出类拔萃的,这一切都与皮亚诺在工作中善于整合内部和外部的资源有着很大关系。皮亚诺这样说过:"如果建筑师不能够倾听别人的意见并试图理解他们的话,那么他就只能是一个沽名钓誉和狂妄自大的创造者,这与建筑师真正应该做的工作相去甚远——建筑师必须同时也是一名工匠。当然,这名工匠的工具是多种多样的,在今天的形式下也应该包括电脑、实验性模型、数学分析等,但是真正关键的问题还是工艺,也就是种得心应手的能力。从构思到图纸,从图纸到实验,从实验到建造,再从建造返回构思本身,这是一个循环往复的过程。在我看来,这一过程对于创造性设计是至关重要的。不幸的是,许多人往往习惯各自为政……团队工作是创造性产品的基础,它要求聆听他人的意见和参与对话的能力。"

当建筑师转变为产品流程设计师,实现对建造全过程流程的整合时,每个环节都会受益匪浅,并将最终提高建筑的各方面品质。比如,建筑师在材料选择、产品工艺设计方面与产品工程师的合作将使得从目的出发的产品性能与功能设计更好地融入形式设计,实现技术向艺术的转变。例如,皮亚诺通过铸造技术赋予曼尼尔(Menil)艺术收藏馆19世纪工程中经典的结构特点和表现形式,这种技术在20世纪后几乎没有被应用,直到在蓬皮杜艺术中心设计中才得以复苏。这些精美雅致的顶棚铸造零件和桁架形式是标准滚动断面无法做到的,铸造零件完美的有机形式是在对展厅光线、气流等综合问题考虑基础上与汽车工业中铸铁技术相结合的产物。球墨铸铁被用来制造12m长的桁架,由于是通过铸造而成,构件具有雕塑般的张力。桁架被铸成一系列单独的三角形,与带螺栓的半套筒固定在一起,桁架的外形和金属板类似。整个桁架看上去像放大的骨头断面。"叶片"的原始概念是作为充当桁架的斜支座,为了获得精确的光照,构件的形式在物理模型、太阳能机械和计算机模型等方面进行了多方面的测试和修正。除了光照的控制,叶片还要具有有利于保持馆内稳定温度的功能,它们的水平顶面通过玻璃把热量反射回去。同时当向下的热辐射降到最低时,叶片还在热空气下方形成个保护层,使得空气在通过地板进入顶棚处时可以稳定下来。

从上述案例中可以看出,从设计—建造—设计(DBD)到设计建造(DB)模式的转变,虽然前期的研发时间加长了,但协同工作并没有增加总的设计时间,相反,由于之前周详的考虑,大大减少了建造期间可能出现的问题,最终节约了成本。不同专业领域的跨界合作,使得建筑师可以集各家所长,系统地将结构、性能与形式设计结合起来,全面提高了建筑的品质。

对建造过程的整合不仅为建筑师提供了多元的构造技术途径,还促使产品工程师将零散的建筑材料变为集成化的组件,为降低选择困难和减少连接接口提供了便利。通常产品工程师会研发一些建筑产品,并由公司负责生产和销售。建筑构造协会(Construction Specification Institute, CSI)就是对这些新研发的产品进行分类的组织,他们一般按照方便查找的原则对信息和知识进行整理。但一般的分类方法并不符合真实情况,因为分类结构将产品分为成百上千种互相独立、彼此竞争的产品,设计者为解决这个问题需要在不计其数的解决方案中搜寻,效率低下并且没有明确的针对性,而所有的创新也只是建立在单体的产品或材料上,不同产品之间的接口创新无法得到体现。于是,在统一的整合流程中,产品工程师获得一项新的、至关重要的任务,就是开发集成化的组件,这些组件将集成原来彼此分离的材料和功能类别。

承包商在长时间内仅仅扮演着产品采购代理人的角色,很少有承包商真正承担施工任务,他们采购各项分包工程的零部件,然后按照合同监督施工单位完成建设。而事实上,由不同层级的多个分包商将建筑产品的组装工艺分割得支离破碎,19世纪形成的传统的制作工艺依然占据了大量的施工进程,一个一个分散零件的组装不仅耗时、耗力,还在建造过程对环境造成了破坏,不利于建筑的可持续发展。集约型的建筑产业发展趋势,需要一种新型的承包商,它介于建筑师与产品工程师之间,作为最终的集成者与组装者,承包商应当尽可能多地采用工厂化生产的产品,开发集成化组件的装配生产线,从而减少现场组装的工作量,来达到减少生产成本和时间的目的。

在重新整合的、并行的协同设计中,信息的建立与传递无疑是关键的,在传统流程中通过"破碎化"的二维信息进行的交流不仅欠缺精度,发现问题和解决问题的效率也不高。比如,当一个零部件被发现有问题需要修改时,所有关于这个零部件的平面、立面、剖面乃至细部大样都要修改,同时,这个修改如果牵扯到其他相关专业,工作的内容就会更加烦琐。这大大增加了图纸的审阅工作量,也影响了信息交互的流畅性。如今,我们已经拥有了能够完整描述信息和瞬时传送信息的工具,通过它们,不仅团队之间的交流可以更加快捷、准确,还使得跨地域的生产协作可以顺利进行,例如,在不同地方生产的零部件,大到整个单元结构,小到一个螺钉,都可以用一张完整的信息表格描述完整的零部件的属性特征和安装步骤,生产和建造环节得到了有效控制,而所有信息的基础就是建筑模型。不过这个模型并不是通常作为结果呈现的物理或者效果模型,而是包含了所有建造组成的建筑信息模型(Building Information Modeling,BIM)。

四、流程整合的技术手段:建筑信息模型

为了给实体建造提供必需的信息,通过图纸、模型等进行必要的表述是建造前的重要准备,而只有这些完整、精确的表述才能保证建造过程的

连贯性和建造最终结果与设计的契合性。在建造方式相对单一、构造技术相对熟练的过去，主持建筑师凭借丰富的经验可以将建造的信息储存在自己的大脑中，以至于可以不用通过施工图就在现场指挥建造。但在建筑产品种类千变万化、建筑构成要素繁多复杂、规范严格的当下，没有任何一位建筑师可以不凭借完整的信息表述来实现建造。虽然计算机绘制代替了手工绘图，设计的效率得到了提升，但随着分工日益精细化，图纸信息的表达也开始彼此隔离，信息表达的完整性受到了影响，并且在不同的层级出现了不一致，这与长时间基于二维图形进行信息表达的模式有着很大关系。建筑设计团队最终向承包商提供的图纸通常是：建筑平面、立面、剖面以及构造大样详图，当然还包括其他结构、设备的图纸。所有的图纸都是二维信息，它们并不能给施工单位提供直观的建造流程，也不能呈现建筑三维的空间。在传统的手工建造模式下，二维图纸的弊端并不明显，但在复杂的工程和大量依靠工业化生产技术的条件下，二维图纸在信息传递中存在的问题就会暴露无遗。

①二维信息量是有限的，但建筑是三维的，平、立、剖的表达方式只能提供局部的建造信息。比如，通常一层平面只剖切一个高度的信息，而事实上，由于高度的变化，这一层的平面可能在不同的高度上出现多个不同的构造做法。尤其对于复杂工程来说，有限的剖面是无法交代清楚构造的复杂性的，只能通过增多剖切的角度来增加信息量。但是无论怎样增加，信息依然会有缺陷，而且在施工中发现问题，就需要不断地进行补充信息或者通过现场的协调来解决问题，无形中增加了生产成本和建造时间。

②图纸之间缺乏关联性。施工图纸一旦有一处信息进行了修改，就意味着所有相关地方的信息都要进行调整。比如结构构件的尺寸调整，意味着平、立、剖面乃至窗洞口的所有相关尺寸都必须调整，因为所有的二维图纸都是分开绘制的，不仅每一次调整和检查都会耗费大量的时间，而且不经意的疏忽导致图纸没有及时调整而最终影响施工质量也是常有的事。

③图纸与生产、建造的不一致性。由于图纸在不同的部门由不同的设计人员绘制。因此，初始的设计与最终的结果呈现并不能保证高度的吻合性。例如在立面设计中，建筑师只能确定窗洞的尺寸，而具体的窗户产品在建筑师的图纸中只是一个大概的形式设计，具体的则需要由承包商选中的窗户生产商进行深化设计。虽然产工程师会依据建筑师的设计进行深

化,但最终的结果还是以生产工艺为准,最终的产品出现与设计的偏差并不奇怪。如果产品产生偏差达到了一定的程度,就会和理想的设计初衷产生一定的距离,甚至影响建筑的最终品质。这些问题在基于二维图形信息的传递中并非不可以解决,但付出的代价是巨大的充其根本还是二维图形无法有效地反映真实的建造信息,它的不完整性使得设计、生产建造在发现问题、解决问题的效率上都受到了影响。显然,面对高度整合的流程设计,传统的信息交互手段已经不能满足高效、准确的协同工作需要。因此,一种仿真的、三维化的建筑信息模型以及相关的信息传递和管理模式也从汽车、飞机制造领域借鉴过来成为基于闭环流程设计全局控制的关键技术。

基于建筑信息模型的设计方法已经被建立起来,建筑信息模型不仅是将数字信息进行集成,还可以把这些数字信息应用起来,控制建筑的设计、建造、管理,使建筑工程在其整个生命周期进程中显著提高效率,与之相关的建筑工程的工作都可以从建筑信息模型中提取各自需要的信息进行相关应用,同时又能将其相应工作的结果反馈到信息模型中改进设计,形成良性循环。建筑信息模型完全不同于用于表现建筑效果的三维模型,后者只能粗略地表示建成的效果,但就和二维图形一样,这个三维模型信息是不完整的,甚至是虚假的,它只是概念方案的美好设想,既没有实体信息,也没有建造参数,当方案进入深化阶段后,它几乎没有任何参考价值。而建筑信息模型是可以促进建造生产力提高的虚拟建造模型,它通过数字化技术建立的完整的建造信息模型可以输入数字化制造机器(数控机床,CNC)中生产建筑零部件,同时高度整合的信息模型可以在不同部门之间实现无缝共享,是并行的协同设计开展的必要技术手段。

相比较传统的二维图形,真实性和完整性是建筑信息模型的最大优势。在传统的CAD软件绘制的图纸中,所有的图形是没有建造信息的,只是个图形。而在新的以Autodesk Revit为代表的建筑专业设计软件中,所有的构件(柱、梁、墙体、门、窗、楼梯等)不再是简单的二维图形,而成为具有长、宽、高完整三维信息和材料信息的"族"。它们是立体的,并且随着平面的绘制,自然地生成立面和剖面。值得再次强调的是,立面和剖面是"生成"的而不是绘制的,这得益于三维信息的仿真模型在设计中逐步完成虚拟建造的过程。由此,所有的构造连接也是真实的,每个细部都可以单独提取,而不是重新绘制。这是一个设计与建造同步的过程,如果在设计中忽略了细节,那么建造的问题会随时得到呈现。

通过系统中已经集成的大量通用的"族",建筑师可以应对一般的建造问题,而如果有特殊需求要进行特定的构造设计时,建筑师则可以根据设计的需求编辑和定义自己的构件"族",并赋予这些构件特殊的信息以区分一般的通用构件。真实的建造信息保证了"定制"的原创性可以得到切实体现而不是流于概念和形式的"假想"。最终完成的建筑信息模型可以为我们提供一个完整的建造信息,每一个零部件的层次都可以得到全方位的表达:每个零部件都是已知的,所有的转角和连接的描述都是精确的,并且可以从任何角度看到建筑的所有外部和内部,不仅零部件的约束条件都涵盖在整体模型中,它们的生产商以及在组装时的位置也都是已知的。

由于模型的信息是真实有效的,它为工程的快速推进提供了巨大的帮助。首先,在设计端,建筑师在初始阶段只要专注于建筑平面与功能的合理布局,建筑的立面形式会随着设计推进而自动形成。当初步方案成型之后,建筑师可以根据性能与形式需求再调整细部设计,而所有的改动都会随着信息的变化整体变动,而不需要反复地在不同的平、立、剖面之间进行协调,大大减少了设计的时间。另一方面,由于 Autodesk Revit 分别为建筑师、结构工程师和设备工程师提供了 Revit Building、Revit Structural 和 Revit Systems 不同类型的辅助设计的系列软件,使得建筑所有的信息都得到了完整的体现。并且不同设计之间信息交互的接口是没有障碍的,不同的组件之间可以实现无缝的拼接。结构工程师可以和设备工程师在虚拟的空间中检查管线的布置,检查构件是否会发生碰撞,并及时进行调整、减少真实建造过程中可能出现的问题。

而建筑信息模型的潜力显然还不止于此。近年来,将计算机的智能运算拓展到建筑结构、性能、构造设计中已经成为计算机辅助设计的一个重要发展方向。而建筑信息模型则为这些必要的性能计算提供了扎实的基础平台。如对于建筑外围护体的采光、通风、保温、隔热等性能,在 Energy-plus 及 Ecotect 等性能分析软件的帮助下,建筑的开窗面积、窗户的材料、墙体的保温隔热构造、屋顶的通风构造常在传统设计中依靠经验去判断的要素都可以在设计中得到精确的验算,然后根据工程的具体要求和建筑师的设计进行合理的调整,减少了建造风险。由于信息模型的真实有效性,使得分析软件的测算结果更加精确,也为建筑构造性能设计提供了可靠的依据。

其次,在生产端,通过系统中的物料清单(bill of material,BOM)统计功能,设计的信息可以迅速地转换为生产的现实,大量冗长且不准确的人工统计工作将被废除。每一个零部件的物理属性,如材料、三维形状、重量、强度等以及安装位置都可以在物料清单中被快速索引。这些零件的物料清单将成为工厂生产的准确依据,同时,根据材料的分类,生产部门将会对产品进行分级管理——最小层级的零部件与最高层级的模块组件。根据加工的类型,物料清单被分为工程物料清单(EBOM)和制造物料清单(MBOM),数据管理信息使得这两部分结合得天衣无缝。工程物料清单由一系列的设计表格组成,包括每个零部件的图形,以及用数字和文字进行的描述,而制造物料清单则将工程物料清单中的相关零件组装起来,形成集成化的模块,然后以模块为单位进行管理。

最后,在建造端,由于设计与虚拟建造的同步进行,完整的建筑信息模型在不同的部门之间得到了共享。因此,建造的过程可以被拆分成不同部分,最后再整合到一起,而不用担心不同组件之间的结合问题。随着建筑系统的复杂性不断提高,建筑零部件的数量也与日俱增,如果只是单纯地依靠工程物料清单来描述零部件之间的关联,那么这个树状图将是巨大的,而且很难分出彼此的关系和层级。而借助制造物料清单,施工组织者可以快速地支配组装的顺序,将不同的模块在不同的装配线上完成,最终运送到现场,进行总装。制造物料清单控制着模块拼接的顺序,确定它们到达现场的时间,从而将每个零部件和整体安装进度联系起来。

当然,建造信息模型最直接的优势还在于其与生产线与装配线的配合。因为精确的三维模型表达了完整的建筑构件的属性,这些信息可以清晰地传输到CNC设备中用来预制零部件。这些预制的零部件由于精确的信息传递和先进的制造设备,有着极高的工艺水准,即使被分开来在不同的地方制造组件,也不会影响最终的装配精度。不仅控制了建筑构件生产工艺的质量,所有构件的安装信息将会被集成在构件中,进而提高建造装配的质量。在产品领域广泛使用的条形码信息技术已经被用在现代化的建造过程中。现在,建筑师已经不用通过传统的几何测量学来控制建造,集成的所有关键信息的标签将指导工人在现场有条不紊地完成所有零部件的组装,条形码将成为21世纪管理系统中通用的一种新的模度。建筑师所需要做的就是将各种信息(场地、环境、功能、客户的需求)收集、分析、整合,然后在不同的团队之间开展协同设计,接着将完整的信息模型交给工厂并进行构件预装,最后由施工单位在现场组装已经半预制化的模块和组件,而所有的步骤都将由统一配置的条形码信息和虚拟建造可视化技术协调指挥。

由此,从设计研发、生产再到组装,我们看到了基于完整的建筑信息模型的信息传递和组织是如何作用于建造过程的全局控制的。经过近20年的发展时间,基于建造信息模型的数字化设计和信息管理在建筑工程中的应用也愈趋成熟。如弗兰克·盖里、扎哈·哈迪德、赫尔佐格和德梅隆等事务所的众多著名建筑实践都得益于建造信息模型强大的全局控制能力,在复杂功能、性能以及形式的创新过程中受益匪浅。

通过全局控制,建筑师提高了他们的生产力。在传统的设计流程中,15%用于概念设计,30%用于深化设计,剩下的55%都要用于施工图设计,而占比例最重的却往往是最繁复却最没有创造性的工作。当使用了基于建造信息模型的设计方式后,设计与施工建造的比例将会重新分配,因为施工设计被集成在了前期设计中,从而省下的时间可以更多地分配到前端的概念、功能、形式产品研究以及预制与施工的方法等有创造性的活动中。

通过全局控制,承包商可以减少建造时间和资源消耗,而雇主则可以更好地管理他们的工程。使用建造信息模型对于工程进展的提升效果是显著的,一些建筑工程公司已经通过应用建造信息模型成功地改进了项目交付时间。例如美国密歇根迪尔伯恩的加法里事务所(Ghafari Associates,Dearborn,Michigan)已经为通用汽车公司设计了好几个完全通过建造信息模型技术设计、生产、建造每一个建筑零部件的工程。他们设计的一个建于密歇根弗林特(Flint)、面积为442000ft²的发动机制造工厂建成的时间比预计的提前了5个星期,并且整个建造过程中没有出现因为现场冲突而引起的工序调整问题。未来的预制装配工艺将更依赖建造信息模型技术的应用。时间要素将被集成于三维的构件信息中,模拟建造的过程将被加入施工的每日计划,更好地安排和指导施工步骤。

现在,越来越多的建筑师、建筑事务所开始应用建造信息模型技术,在美国建筑师协会(AIA)最近一份关于"建筑业构成"(the business of archite-ture)的调研中,超过1/3的设计公司已经采用了建造信息模型设计软件,并且这个趋势还在不断扩大中。而在麦格劳希尔建筑信息公司(McGraw-Hill Construction)的相关调研中,超过50%的建筑师、工程师、承包商以及雇主都采用了建造信息模型作为工程设计或者管理的工具。虽然在长期以CAD为工作模式的公司中普及建造信息模型技术平台仍然需要一定的时间,但在不久的未来,建造信息模型必将成为建筑全行业开放的技术平台,通过它,建筑产品可以实现多样的数字化设计、可控的性能分析、可视化的虚拟建造、系统的信息管理等,最终建筑构造系统的组合将在开放市场内得到有效的组织,建筑师不再是被动地挑选现成的产品工艺,而是成为建筑核心产品技术研发与推动的主导者。

第六章 绿色建筑促进可持续发展

第一节 建筑工程绿色评价体系

中国建筑的可持续发展从总体上必须符合国家可持续发展战略背景，在社会发展水平的前提下，提出一定的发展目标和社会目标，并建立相关的法规体系，保障建筑业的发展沿着可持续发展的轨道顺利进行。研究和制定绿色建筑评价指标体系是我国建筑可持续发展法规研究的重要组成部分。

一、我国建筑工程绿色建筑评价体系的探讨

中国在绿色建筑评估体系的研究方面起步较晚，但发展很快，已经形成了几套生态住宅建筑评价体系的框架。下面以中国为研究对象介绍建筑绿色评价体系方面的内容。

（一）中国生态住宅技术评估研究

目前，国内较权威的绿色建筑评估体系有《中国生态住宅技术评估手册》《绿色建筑评价标准》等。

《中国生态住宅技术评估手册》以可持续发展战略为指导，以保护自然资源，创造健康、舒适的居住环境，与周围环境生态相协调为主题，旨在推进我国住宅产业的可持续发展。通过评价建筑环境全寿命周期的每一阶段综合品质，提高我国绿色生态住宅建设总体水平，并带动相关产业发展。《中国生态住宅技术评估手册》分为5个子项：小区环境规划设计、能源与环境、室内环境质量、小区水环境、材料与资源，提出了中国生态住宅技术评估体系。

这本评估手册的编写，参考了我国绿色建筑的评估体系以及有关的资料，涵盖了小区环境规划设计、能源与环境、室内环境质量、小区水环境、材料与资源等五个方面，并兼顾社会、环境效益和用户权益。主要包括规

划设计的综合评价,基本性能评价,建筑寿命周期环境评价。自该评价体系出版以来,已经有广州、北京、天津、西安、成都、沈阳、常州7个城市的8个住宅开发项目由有关的评审专家组按照手册的评估程序进行了生态住宅的试点评估,通过验收后便可获得名为"亚太村"国际生态住宅品牌体系的认可。

(二)《绿色建筑评价标准》实施内容

为贯彻执行节约资源和保护环境的国家技术经济政策,推进可持续发展,规范绿色建筑的评价,建设部公布了《绿色建筑评价标准》,明确指出,评价指标体系包括以下六大指标:节能与室外环境、节能与能源利用、节水与水资源利用、节材与材料资源利用、室内环境质量、运营管理(住宅建筑)、全生命周期综合性能(公共建筑)。

《绿色建筑评价标准》主要内容是节能、节地、节水、节材与环境保护,注重以人为本,强调建筑的可持续发展。评价绿色建筑时,对住宅建筑,原则上以住宅小区为对象,也可以单栋为对象。对公共建筑,以单体建筑为对象进行评价。评价单栋住宅时,凡涉及室外环境的指标,以该栋住宅所处地区环境的评价结果为准。按满足一般项数和优选项数的程度,绿色建筑划分为三个等级。住宅建筑等级的项数要求一般项数40项、优选项数共6项。公共建筑等级的项数要求一般项数共43项、优选项数共21项。

二、完善我国绿色建筑评价体系的建议

(一)加强基础理论研究

绿色建筑评价客观上涉及多学科、多角度、多要素,是一个高度复杂的系统工程。而绿色建筑评价是针对这一复杂系统的决策思维、规划设计、实施建设、管理使用等全过程的系统化、模型化和数量化,是一种定性与定量相结合的决策方法,故其指标选择、评价体系的建构过程很复杂,而体系的建立则有待学科间的融合及研究者间的长期通力合作。目前,在这方面所做的研究还比较少,并且理论和实践联系得还不够,在很多方面还有待进一步深化。只有加强基础理论的研究工作,将绿色建筑评价体系与其他学科贯通起来,才能为我国绿色建筑评价体系的完善奠定深厚的理论基础。

（二）评价体系由标准走向细化

目前，我国对同一类型的建筑，不分性质、使用年限、功能等，采用同样的标准"一刀切"，这显然不符合实际情况。需进一步细分不同建筑类型（如居住建筑、公共建筑、新建建筑、既有建筑）的特点，针对不同类型建筑的评价指标体系做出更具有针对性的指标体系。可借鉴结构设计中"建筑重要性系数"的概念，对不同的建筑物引入"生态系数"概念，以期根据建筑物的性质、使用年限、功能等做到区别对待。

我国幅员辽阔、气候差异性大、自然条件各异，评估体系必须考虑地区差异，建立全国通用的标准体系是脱离实际的，在评价体系的标准设立方面，允许根据各地的具体情况，有一定的灵活性，而非全国同一个标准。应在全国范围内划分若干类地区，通过对地域特征进行分析后，赋予不同的"值"。①

（三）评估方法由定性走向定量

评估方法方面，力争做到定性评价与定量评价相结合，特别加强对定量指标的研究与使用。绿色建筑的评估体系实质上是一个相对合理的量化指标体系。它主要侧重于对生态环境效益和经济效益的评估。绿色建筑的评估要符合物理规则的科学性，准确的量化数据是评估系统的灵魂，而我国目前还缺少生态评估的一些基本数据，例如，各种建筑材料生产过程、使用过程中的能源消耗数据，以及有害气体排放量数据等等，这就使得评估系统几个基本项目因国内目前尚缺乏基础性数据而难以做定量评价。对定量评价方法的研究与使用，是完善我国绿色建筑评价体系的重要方面。

（四）评价体系实行第三方认定制度

在全国范围内倡导绿色建筑的开发，并实行绿色建筑认证制度，政府培育独立的第三方评价机构，对建筑设计方案实行前、对建筑物开发全过程中、对建筑材料和建筑设备，进行全面评估。

我国对建筑物实行绿色评估是建设部组织成立专门的专家组来实施，由于缺乏第三方评价机构，对建筑物实行方案评估、施工阶段全程评估、建筑材料环保性能绿色评估中存在着第三方评估机构缺失的问题。因此，

①杨文领. 建筑工程绿色监理[M]. 杭州:浙江大学出版社,2017.

在实行专家评估的同时,政府必须及时培有第三方评价机构。第三方评价机构的建立将这种外部评价委托与内部专家评价相结合,评价的标准或内容由双方共同拟定,一方面发挥了专业咨询机构的专业优势,一方面从客观公正、科学合理的角度保证评价结果的客观性与科学性。注意参与评价的第三方必须注重评估人员专业性的培养,政府应该加强绿色建筑技术规范、绿色建筑科技培训工作,培养相应的绿色建筑评估专业技术人员。

(五)评价体系由阶段性评价走向建筑全寿命周期评价

建筑全寿命周期评价,是从整体环境评价入手,在整体把握的基础之上进行各个阶段的评价。各阶段的评价结果得分不直接加权,而是按照场地、能源、水、材料与资源、室内环境等不同方面,针对不同阶段各自所涵盖的内容和重要程度,进行加权计分。建筑全寿命周期评价可以避免建筑在设计或建造的前期阶段忽视"绿色"的各种影响因素而导致建筑最终验收时"绿色"不达标。也就是说,评价工作始终伴随着建筑的生命各周期。评估工作应在项目规划时即开始介入,贯穿设计、建造的全过程,直至竣工验收,为绿色建筑实施的全程提供科学可行的标准和技术支持。

我国"绿色奥运评价体系"就是基于全寿命周期理论所构建,是我国绿色建筑评价体系的建立与完善方面的重大成就,该体系还需要加入对经济因素的考虑,将经济因素引入到建筑的全寿命周期评价中来。

(六)运用经济杠杆,采取激励政策

绿色建筑要考虑二氧化碳的排放量、节约水资源,建筑材料生产和建筑运行时的能源消耗等,要有利于使用者,还要兼顾到开发商的利益。

对绿色建筑的开发与评估,政府应发挥其主导作用,在可持续发展整体目标的基础之上,从法律法规、政策环境、税收制度等方面对不同的行为主体实行激励。通过补贴、低息贷款、税收和其他财务刺激促进保护环境技术的发展和执行环保政策,增加经济上的可行性。不同的建筑在其全寿命周期中对社会对环境与资源的影响和贡献是不同的,开发商要对其造成的全部后果承担完整的成本,因而政府应当采用带有倾向性的税收政策体现社会公正。降低税收等财务刺激可以使房地产开发商降低运营成本,为绿色建筑的开发提供了经济上的保证。

第二节 绿色公共建筑评价技术

绿色公共建筑的评价涉及多个学科的专业知识和方法,如建筑学、生态学、经济学、社会学、模糊数学等,要将这些知识综合运用于绿色公共建筑综合评价,必须依靠系统工程理论、可持续发展理论和综合评价理论的指导。

一、绿色公共建筑综合评价体系构建

绿色公共建筑是一项系统工程,贯穿项目的规划、设计、施工及运营和管理的各个阶段,其评价指标体系的构建是建立在一定的原则之上,整个体系是一个有机整体,而不是一些指标的简单组合。绿色公共建筑评价指标体系的建立应遵循如下原则:

(一)可持续发展原则

绿色公共建筑评价的实质是公共建筑的可持续发展评价,评价必须是在明确的可持续发展原则指导下进行的。

(二)全面性原则

绿色公共建筑体系是对"绿色公共建筑"内涵的具体化,使绿色公共建筑走入实践。一套清晰可行的绿色公共建筑综合评价指标体系,要能较全面地反映公共建筑在整个寿命周期的"绿色"程度。因此,建立绿色公共建筑综合评价指标体系,必须考虑系统的全面性原则。

(三)科学性原则

绿色公共建筑评价指标体系的建立应有一定的科学性。评价指标必须通过客观规律、理论知识分析获得,形成经验与知识的互补,对一些外延不明确的模糊性指标,也必须保证其概念明确,不至于混淆。因此,只有评价指标的科学性、可靠性,才能保证评价的科学性和可靠性。

(四)代表性原则

绿色公共建筑综合评价指标体系的各个指标应具有一定的代表性。表示绿色公共建筑"绿色"程度的指标很多,在建立体系时,不可能全部选为评价指标,只能选择有代表性的作为评价指标,剔除无关或无效信息,尽可能地减少指标的数量,防止指标之间的重复杂乱,把握住主要指标,使评价指标体系既简明又能表达绿色公共建筑的本质特征,以免造成评价指标体系过于庞大,给以后的评价工作造成困难。

(五)可比性原则

所建立的指标体系,首先,在时间上要具有可比性,应能对不同时段上的可持续发展状态进行比较,反映其在时间上的变化趋势。其次,要在空间上具有可比性,应能对不同地域的可持续发展状态进行比较,以反映地域之间的差异。因此,指标要在计量范围、统计口径和计算方法上保持统一。

(六)可操作性原则

评价指标体系应力求简便、实用、指标可量化,即有可操作性。在指标的选择过程中,对于一些有实际意义,但是在现有条件下无法获得的指标,可以用多个子指标反映,或者暂时将这些指标不纳入评价体系中。

(七)层次性原则

可持续发展指标体系主要是为各级政府的决策提供信息,一个有效可行的指标体系应该能够处理不同层次的评价。因此,可持续发展评价指标体系在不同层次上应有不同的指标体系,做到全方位评价。

(八)定性指标和定量指标相结合原则

在绿色公共建筑评价指标体系中,定量指标尽量占指标体系的主体,对于不能量化的指标,可以用定性去描述,体系的构建要把握定性指标和定量指标相结合,以使评价体系能尽可能科学地反映公共建筑"绿色"。①

(九)地域性原则

环境系统的地域性特征使得建筑环境评价不宜采取统一的标准和指标值,而是应根据地域特点科学的选取。

(十)灵活性原则

绿色公共建筑评价是一个动态概念,总是与一定的社会条件和技术水平相联系。因此,在实际应用中,评价指标体系应具有足够的灵活性,可

①张柏青. 绿色建筑设计与评价 技术应用及案例分析[M]. 武汉:武汉大学出版社,2018.

根据具体工程情况进行补充或删除,能够满足建筑可持续发展的要求。

二、绿色公共建筑模糊综合评价

绿色公共建筑综合评价是一个复杂的系统,文中所构建的绿色公共建筑综合评价体系有三个层次,即目标层、一级指标层和二级指标层。现根据模糊综合评价模型建立绿色公共建筑模糊综合评价模型。

(一)构造评价因素集

一级指标层构成评价因素集 $U=\{u1,u2,u3,\cdots,u8\}$;

一级指标层的每个评价指标包含不同的子指标,因此,由每个一级指标包含的子指标构成的评价因素集为 $U_1=\{u_{11},u_{12},u_{13},u_{14}\}$,$U_2=\{u_{21},u_{22},u_{23}\}$,$U_3=\{u_{31},u_{32},u_{33},u_{34},u_{35}\}$,$U_4=\{u_{41},u_{42}\}$,$U_5=\{u_{51},u_{52},u_{53},u_{54}\}$,$U_6=\{u_{61},u_{62},u_{63},u_{64},u_{65}\}$,$U_7,=\{u_{71},u_{72}\}$,$U_8=\{u_{81},u_{82}\}$。

(二)建立评价尺度集 $V=\{$优,较优,一般,较劣,劣$\}$。

(三)确定各层指标的权重向量

在绿色公共建筑综合评价指标体系中,每一层的各个指标相对于其上一层指标的重要程度各不相同,各个指标的权重构成权重向量,根据专家打分法或层次分析法确定各层指标的权重。

一级指标层各个指标权重构成权重向量 $A=\{a_1,a_2,a_3\cdots a_8\}$;

二级指标层各个指标评价权重构成权重向量为 $A_1=\{a_{11},a_{12},a_{13},a_{14}\}$,$A_2=\{a_{21},a_{22},a_{23}\}$,$A_3=\{a_{31},a_{32},a_{33},a_{34},a_{35}\}$,$A_4=\{a_{41},a_{42}\}$,$A_5=\{a_{51},a_{52},a_{53},a_{54}\}$,$A_6=\{a_{61},a_{62},a_{63},a_{64},a_{65}\}$,$A_7=\{a_{71},a_{72}\}$,$A_8=\{a_{81},a_{82}\}$。

(四)二级指标的综合评价

通过专家打分或者实测数据,对数据进行适当的处理,得到二级指标层各个指标对评价尺度 $V=\{$优,较优,一般,较劣,劣$\}$的隶属度,进而得到评判矩阵 $R_i=(r_{ijk})_{m\times n}$。

$R_1=(r_{1jk})_{4\times 5}$,$R_2=(r_{2jk})_{3\times 5}$,$R_3=(r_{3jk})_{5\times 5}$,$R_4=(r_{4jk})_{2\times 5}$,$R_5=(r_{5jk})_{4\times 5}$,$R_6=(r_{6jk})_{5\times 5}$,$R_7=(r_{7jk})_{2\times 5}$,$R_8=(r_{8jk})_{2\times 5}$

二级指标层的各个指标相对于其对应的一级指标层指标的综合评价向量为:

$B_1=A_1R_1$,$B_2=A_2R_2$,$B_3=A_3R_3$,$B_4=A_4R_4$,$B_5=A_5R_5$,$B_6=A_6R_6$,$B_7=A_7R_7$,$B_8=A_8R_8$

（五）一级指标的综合评价

第一，由（四）得到的二级指标的综合评价向量 B_1、B_2、B_3、B_4、B_5、B_6、B_7、B_8，即为一级指标层指标 $u_1, u_2, u_3, u_4, u_5, u_6, u_7, u_8$，对评价尺度 $V=\{$优，较优，一般，较劣，劣$\}$的隶属度，进而得到评判矩阵 $R=(r_{jk})_{8\times5}$。

第二，计算一级指标的综合评价向量：一级指标层的各个指标相对于目标层的综合评价向量 $B=AR=(b_1, b_2, b_3, b_4, b_5)$，$B$ 也是绿色公共建筑综合评价总的评价向量。然后根据最大隶属度原则，给出绿色公共建筑模糊综合评价结果。

影响公共建筑"绿色"程度的因素很多，且各个因素的重要程度各不相同，不能舍去其中一个。因此，为了全面反映各因素对公共建筑"绿色度"的影响，以便给出合理、有效的公共建筑绿色度评价，本节选用加权平均型合成算法。

第三节 建筑行业可持续发展的展望

一、"十三五"规划建筑业发展环境

2016年，我国提出"十三五"规划，以供给侧结构性改革为主线，以需求平稳运行作为托底，以"创新、协调、绿色、开放、共享"为发展理念，认真把握《规划》内涵，领会《规划》精神，调整新战略、规划新路径，是当前建筑行业和建筑业企业必须重视的紧要任务。

（一）建筑行业发展要改变理念

"十三五"规划要"把发展基点放在创新上，以科技创新为核心，以人才发展为支撑，推动科技创新与大众创业万众创新有机结合，塑造更多依靠创新驱动、更多发挥先发优势的引领型发展"。建筑业作为国民经济支柱产业，近年来在人才培养、技术创新等方面瓶颈突出，导致行业创新能力匮乏，长期走不出困境。

第一，"强化科技创新引领作用"。多年来，建筑业的产业定位是资金密集型产业和劳动密集型产业。建筑业进入门槛低、技术含量低，反过来也造成了粗放型发展模式的根深蒂固,改革问题困难重重。如今,已有不少企业向技术创新型企业转型,以科技为第一生产力,在钢结构建筑、智能建筑等方面找到了出路。

第二,"深入推进大众创业万众创新""构建激励创新的体制机制"。我国建筑业技术创新机制不健全,企业技术创新投入不足,创新成果少、转化率低,产生的效益不显著,行业利润率普遍偏低。很多建筑企业将"大众创业、万众创新"当作口号,没有建立起相关体制机制,没有调动员工的积极性,企业改革最后只能沦为"空谈"。

第三,"实施人才优先发展战略"。随着行业改革的深入,不少企业人才危机逐渐凸显,特别是经营管理人才、高层次专业技术人才和高技能人才匮乏,制约着行业的进一步发展。

(二)建筑行业发展要改变方式

"十三五"规划提出"加快城市群建设发展""加快发展中小城市和特色镇"和"加快新型城市建设"等,明确了未来发展目标,对建筑业发展提出了更高的要求。作为城镇化建设的主力军,建筑业多年来快速扩张的态势随着城镇化的快速推进不断升级,但绝大多数企业以施工为主业的总体格局并未出现根本变化,企业发展的路径依赖开始远离城镇化发展不断升级的要求。从《规划》中可以看出,未来城镇化建设走的定然是一条形态适宜、集约高效的新型城镇化发展之路,这与当前建筑业总体发展水平存在矛盾。地下管网、基础设施、PPP项目等,必然要求企业在整体性和专业性上都必须具备一定的优势。对于大量中小企业而言,向专业化发展方向靠拢已成为一条快速通向成功的道路。

(三)建筑行业竞争模式要改变

"十三五"规划要"以区域发展总体战略为基础,以'一带一路'建设、京津冀协同发展、长江经济带发展为引领,形成沿海沿江沿线经济带为主的纵向横向经济轴带,塑造要素有序自由流动、主体功能约束有效、基本公共服务均等、资源环境可承载的区域协调发展新格局"。从"竞争"到"竞合",中国的建筑行业也要配合"一带一路"倡议,逐步实现"走出去"的步伐。

"十三五"规划建议还指明了建筑业发展的技术升级方向,即着力发展智能化和绿色化建筑。智能化趋势的重点在于建筑自动化系统研制与开发：绿色建筑立足于节能诉求，包括建筑产业现代化（装配式建筑）、钢结构（绿色材料）、被动房以及低碳排放的新型建筑材料等。

环境保护是"十三五"期间着力发展的重点，有三个方面与建筑业相关联：低碳出行、建设美丽中国以及清洁能源建设。低碳出行包括新能源汽车的推广和公交优先政策（轨交建设和自行车出行），美丽中国着眼于城市生态建设，对于以土壤污染修复、水体净化、沙漠绿化和植被恢复等为主营的上市公司将产生重大利好：清洁能源建设旨在提高非化石能源比重，大力发展风能、太阳能、生物质能、水能、地热能，安全高效发展核电，其中，就建筑业而言水利水电建设是一个发展重点。[①]

二、未来建筑企业的展望

"十三五"对建筑业的整体产业升级提出了更高的要求。在"十三五"时期除了要认真研究相关内容、做好对接、寻找发展支撑点外，企业尤其是中小建筑企业更重要的工作是尽快转型升级、不断提升自身实力。

（一）建筑企业要改变发展方式

在新常态下，建筑业发展速度放缓，建筑业不断调整和转型，生产方式正在变革，新型建筑工业化逐步兴起，建筑业产业结构将加快优化升级。而与此同时，受劳动力、资源、环境等成本上升影响，依赖低要素成本驱动的发展方式已难以为继，技术创新将成为建筑业发展的原动力，建筑企业正从要素驱动、投资驱动向创新驱动转变，建筑企业必须正确把握新特征，摆脱粗放型发展模式，在质量、速度、效益和品牌等方面形成自己的竞争优势。

（二）建筑企业要创新技术

技术创新亟待发力。建筑业是同质化竞争较为严重的行业之一，主要原因在于众多建筑企业长期在同一层次竞争，企业之间的技术水平差距不大，没有形成自己的特色优势。当前，传统的劳动力、土地等生产要素已逐渐丧失主导地位，科技作为第一生产力的重要性越发凸显。对于建筑企业来说，通过人海战术埋头苦干拓展发展空间的成功率已经越来越小，只有强化以技术创新为核心的市场竞争力，才能提升竞争层次，城镇建设与

---

①张丽丽. 我国绿色建筑发展现状及展望[J]. 城镇建设,2021(2):49.

城市建筑才能同步发展,这也是建筑业实现可持续发展的必由之路。

(三)建筑企业提高融资能力

近年来,融资能力的强弱,已经成为企业在高端工程竞争中取胜的关键。而多,数中小企业融资能力偏弱,甚至时刻面临着资金链断裂的风险,表现在两个方面:一是自有资金有限。进入新常态以来,市场竞争激烈,企业效益被进一步挤压,与此同时,建材价格、人工价格不断上涨,不少企业甚至以垫资换取承揽工程的机会,流动资金越发紧张。二是融资渠道过窄。因建筑工程资金占用率高、施工周期长,施工企业较其他行业企业筹资难度大,而建筑业企业利润率低、债务负担重等因素,也堵塞了上市融资通道。因此,不少企业进入了越是资金紧张越要借钱、越是借钱越是资金紧张的恶性循环。

(四)建筑企业积极培养人才

人才是决定建筑企业发展的核心要素和根本动力。在快速发展的同时,人才问题已成为建筑业的短板,制约着建筑行业的可持续发展。一是专业管理人才匮乏。战略管理人才稀缺,导致行业发展同质化现象严重,差异化发展格局始终未形成,行业利润率偏低。项目经理难以驾驭。受制于建筑行业的特殊性,施工企业大多实行项目法施工,为了激发项目经理的积极性,企业大多将所有生产要素的管理权交给项目经理,甚至采取"以包代管"的方式,使企业总部的经营风险加大,越来越依赖也越来越管不住项目经理队伍。二是高技术人才流失严重。由于建筑业工作环境恶劣、生活条件艰苦,技术工人任务繁重、压力大,相应的人文关怀和有效的激励机制的缺乏,使技术人才极易流向工作、生活相对稳定的其他岗位或行业。三是民工荒伴随着人力成本不断上升。自2010年以来,农民工总量增速持续回落,愿意从事建筑业的青年农民工比例不断降低,企业不得不用高薪吸引农民工进入建筑业。民工荒、民工素质已成为制约行业发展的重要因素。从"十三五"预定的目标来看,中小建筑施工企业仍需不断加大投入,从人才、技术、管理等多个层面加强,自身能力建设,找准发展定位,在建筑行业发展中抢占一片市场。

第七章 BIM技术在建筑工程中的发展趋势

第一节 BIM技术概述

BIM是以三维数字技术为基础集成建筑工程项目各种相关信息的工程数据模型,是对该工程项目相关信息详尽的数字化表达。BIM同时又是一种应用于设计、建造、管理的数字化技术,这种技术支持建筑工程的集成管理环境,可以使建筑工程在其整个进程中显著提高效率并减少风险。目前,BIM这一概念已经得到学术界和广大软件开发商的普遍认同,国外大的软件开发商也已经开发出不少基于BIM技术的建筑工程专业软件,其中一些已经开始进入我国市场,但还不能完全适应我国建筑工程的需求。

一、BIM的定义

建筑信息模型(Building Information Modeling,简称BIM),目前,国内外关于BIM的定义或解释有多种版本,现介绍几种常用的BIM定义。

(一)McGraw Hill集团的定义

McGraw Hill(麦克格劳·希尔)集团在2009年的一份BIM市场报告中将BIM定义为:"BIM是利用数字模型对项目进行设计、施工和运营的过程。"

(二)美国国家BIM标准的定义

美国国家BIM标准(NBIMS)对BIM的含义进行了4个层面的解释:"BIM是一项施工建设项目,物理和功能特性的数字表达;一个共享的知识资源;一个分享有关这个设施的信息,为该设施从概念到拆除的全生命周期中的所有决策提供可靠依据的过程;在项目不同阶段,不同利益相关方通过在BIM中插入、提取、更新和修改信息,以支持和反映其各自职责的协同作业。"

(三)国际标准组织设施信息委员会的定义

国际标准组织设施信息委员会(Facilities Information Council)将BIM定义为:"BIM是利用开放的行业标准,对设施的物理和功能特性及其相关的项目生命周期信息进行数字化形式的表现,从而为项目决策提供支持,有利于更好地实现项目的价值。"在其补充说明中强调,BIM将所有的相关方面集成在一个连贯有序的数据组织中,相关的应用软件在被许可的情况下可以获取、修改或增加数据。

根据以上3种对BIM的定义、相关文献及资料,可将BIM的含义总结为:

第一,BIM是以三维数字技术为基础,集成了建筑工程项目各种相关信息的工程数据模型,是对工程项目设施实体与功能特性的数字化表达。

第二,BIM是一个完善的信息模型,能够连接建筑项目生命期不同阶段的数据、过程和资源,是对工程对象的完整描述,提供可自动计算、查询、组合拆分的实时工程数据,可被建设项目各参与方普遍使用。

第三,BIM具有单一工程数据源,可解决分布式、异构工程数据之间的一致性和全局共享问题,支持建设项目生命期中动态的工程信息创建、管理和共享,是项目实时的共享数据平台。

二、BIM技术的特点

21世纪,BIM技术正在逐步成为城市建设和运营管理的主要支撑技术和方法之一,随着BIM技术的不断成熟和各国政府的积极推进,以及配套技术(数据共享、数据集成、数据交换标准研究等)的不断完善,BIM已经成为和CAD、GIS同等重要的技术支撑,共同为"智慧城市"带来更多的可能性和生命力。BIM技术的特点包括以下几个方面。

(一)信息完备性

除了对工程对象进行3D几何信息和拓扑关系的描述,还包括完整的工程信息描述,如对象名称、结构类型、建筑材料、工程性能等设计信息;施工程序、进度、成本、质量以及人力、机械、材料资源等施工信息;工程安全性能、材料耐久性能等维护信息;对象之间的工程逻辑关系等。

（二）信息关联性

信息模型中的对象是可识别且相互关联的，系统能够对模型的信息进行统计和分析，并生成相应的图形和文档。如果模型中的某个对象发生变化，与之关联的所有对象都会随之更新，以保持模型的完整性。

（三）信息一致性

在建筑生命期的不同阶段，模型信息是一致的，同一信息无须重复输入，而且信息模型能够自动演化，模型对象在不同阶段可以简单地进行修改和扩展而无须重新创建，避免了信息不一致的错误。

（四）可视化

BIM提供了可视化的思路，让以往在图纸上线条式的构件变成一种三维的立体实物形式展示在人们的面前。BIM的可视化是种能够将构件之间形成互动性的可视，可以用作展示效果图及生成报表。更具应用价值的是，在项目设计、建造、运营过程中，各过程的BIM通过讨论、决策都能在可视化的状态下进行。

（五）协调性

在设计时，由于各专业设计师之间的沟通不到位，往往会出现施工中各种专业之间的碰撞问题，例如结构设计的梁等构件在施工中妨碍暖通等专业中的管道布置等。BIM建筑信息模型可在建筑物建造前期将各专业模型汇集在一个整体中，进行碰撞检查，并生成碰撞检测报告及协调数据。

（六）模拟性

BIM不仅可以模拟设计出的建筑物模型，还可以模拟难以在真实世界中进行操作的事物，具体表现如下：

①在设计阶段，可以对设计上所需数据进行模拟试验，例如节能模拟、日照模拟、热能传导模拟等。

②在招投标及施工阶段，可以进行4D模拟（3D模型中加入项目的发展时间），根据施工的组织设计来模拟实际施工，从而确定合理的施工方案；还可以进行5D模拟（4D模型中加入造价控制），从而实现成本控制。

③后期运营阶段，可以对突发紧急情况的处理方式进行模拟，例如，模拟地震中人员逃生及火灾现场人员疏散等。

（七）优化性

整个设计、施工、运营的过程，其实就是一个不断优化的过程，没有准确的信息是做不出成果的。BIM模型提供了建筑物存在的实际信息，包括几何信息、物理信息，还提供了建筑物变化以后的实际存在的信息。BIM及与其配套的各种优化工具提供了项目进行优化的可能，把项目设计和投资回报分析结合起来，计算出设计变化对投资回报的影响，使得业主明确哪种项目设计方案更有利于自身的需求：对设计施工方案进行优化，可以显著地缩短工期和降低造价。

（八）可出图性

BIM可以自动生成常用的建筑设计图纸及构件加工图纸。通过对建筑物进行可视化展示、协调、模拟及优化，可以帮助业主生成消除了碰撞点、优化后的综合管线图，生成综合结构预留洞图、碰撞检查侦错报告及改进方案等。

实践表明，从项目阶段、项目参与方和BIM应用层次三个维度去理解，BIM是一个全面、完整认识BIM的有效途径，虽然不同的人对项目阶段的划分可能不尽相同、对项目参与方种类的统计未必一致、对BIM应用层次的预测不一定完全一样，但是这并不妨碍三个维度认识BIM的方法是一个实用、有效的方法。

三、BIM技术与建筑行业可持续发展的关系

BIM的最重要意义在于它重新整合了建筑设计的流程，其所涉及的建设项目生命周期管理（BLM），又恰好是绿色建筑设计的关注和影响对象。绿色建筑与BIM技术相结合带来的效果是真实的BIM数据和丰富的构件信息，会对各种绿色建筑分析软件以强大的数据支持，确保了分析结果的准确性。

绿色建筑设计是一个跨学科、跨阶段的综合性设计过程，而BIM模型则正好从技术上满足了这个需求，BIM真正实现了单一数据平台上各个工种的协调设计和数据集中。同时，结合Navisworks等软件加入4D信息，使跨阶段的管理和设计完全参与到信息模型中来。BIM的实施，能将建筑各项物理信息分析从设计后期显著提前，有助于建筑师在方案、甚至概念设计阶段进行绿色建筑相关的决策。可以说，当我们拥有一个信息含量足够

丰富的建筑信息模型的时候,我们就可以利用它做任何我们需要的分析。一个信息完整的BIM模型中就包含了绝大部分建筑性能分析所需的数据。

(一)绿色建筑设计和分析的趋势

1.分析越来越倾向于设计前期,利用简单的模型进行模拟计算

BIM模型将首先使建筑设计师在建筑设计早期阶段使模拟分析成为可能,并根据分析结果调整设计。现在国内大多数设计院的建筑设计,基本设计原则是满足国家住宅建筑节能设计标准,设计院的流程是在设计完成以后甚至施工图出来之后再进行分析计算,这只是为了满足标准。这种设计流程不是从建筑设计最早期充分利用自然通风、阳光、日照等自然资源达到节能目的,而是围着满足规范来做工作。但是万一出来结果满足不了怎么办,通常情况下就需要大量修改前期设计而造成浪费。设计前期并没有考虑通过改变一个朝向等等小的改变,也许根本不增加建造成本,就可以达到相当好的节能目的。有了初期设计的BIM模型,通过BIM模型导入到一些专业的建筑性能分析软件中,通过计算在设计阶段早期使模拟分析成为可能,然后以分析成果对建筑设计进行指导。

2.工具软件将更多样化、本地化,支持多种绿色建筑评价标准

BIM和绿色建筑分析软件进行数据交换的主要格式是gbXML,gbXML已经成为行业内认可度最高的数据格式。使用包括Graphisoft的ArchiCAD,Bently公司的BentlyArchitecture,以及Autodesk的Revit系列产品,均可将其BIM模型导出为gbXML文件。这为接下来在分析模拟软件中进行的计算提供了非常便利的途径。也有人认为,gbXML可以看作是BIM的aecXML一个绿色建筑的数据子集。

目前可进行绿色建筑相关分析的软件相当丰富,每个软件也各有特色和其产生的背景,鉴于篇幅所限,无法一一介绍。举例来说,就有Ecotect、IES(VE)、Green Building Studio和Energy Plus等,现在这些软件本身都比较成熟,并且功能日趋强大,读者如果有兴趣可以自己探索。

3.建筑能耗、碳排放模拟将注重建筑全生命周期计算

BIM模型具有真实的物理属性,这是一个可计算的建筑信息模型,BIM前台是一个模型,后台实际上是一个数据库。由于BIM模型的出现,对整个建筑行业都产生了相当多的影响,建筑师可以直接进行三维设计,某处修改之后其他的投影面可以跟着修改。同时,其他专业工程师也在同

一个BIM模型中设计结构和机电系统。在设计阶段建立的BIM模型可以过渡到施工阶段,直接对这个模型进行统计工程量,同时进行一些模拟的施工建造过程,研究施工组织方案。BIM模型传递到物业运营管理阶段,让物业运营管理人员对建筑所有信息有一个全面的了解,在传递的过程中信息不会丢失。①

澳大利亚对悉尼歌剧院重新构建了BIM模型之后进行运营管理,BIM已经成为该建筑全寿命周期管理的核心工具。在过去有很多能源分析软件,都需要单独建立模型,如果建筑师一开始用BIM建立模型,这个模型可以直接传递到能源分析软件中,不再需要重新进行模型创建,BIM模拟了一个虚拟的真实建筑,能够提供各种性能分析,这样大大节省了整个设计流程中的时间和成本。

(二)绿色建筑设计流程变革

绿色建筑的理念中最主要的还是能源和资源的利用效率,进一步可以分化为建筑采光与日照分析、建筑及其材料热工分析、建筑能耗分析等一系列问题。这类问题所涉及的信息可谓种类繁杂,而且数量巨大。在出现较好的BIM解决方案之前,为大型的分析软件编制数据文件或者输入文件是一项极大的工作挑战。

绿色建筑设计将引入集成产品开发(Integrated Produet Development,IPD)概念,对方案的各种可能性从可持续性进行评价,从而作为重要决策时候的参考依据。并且随着设计的深入,不断地进行深化评估,做出分析、施工图甚至建设和运营阶段的设计建议。

(三)BIM对绿色建筑的支撑

BIM模型实现了单一数据平台上各个工种的协调设计和数据集中,并且在设计的不同阶段保证数据的准确性。一个信息完整的BIM模型中就包含了绝大部分建筑性能分析想要的数据,用BIM软件将需要进行绿色建筑相关分析的数据导出为gbXML文件,然后用专业分析软件分析,最后再导入BIM软件进行数据整合。

BIM不仅仅是电子文件交换的概念,而且提供了一个空前互用的模型平台,进而改变了设计创造、沟通和实施的方式。由于整合了所有设计参

①张雷,董文祥,哈小平.BIM技术原理及应用[M].济南:山东科学技术出版社,2019.

数和资料,意味着该模型可以用于成本估算、建筑模拟、工程计划、能源分析、结构设计、地理信息集成、建造、采购管理和设备管理等专业服务和过程。BIM的建筑信息模型对于工程资料信息的整合能力远远超过了目前大多基于CAD技术的设计软件产品,基于整合的、参数化的、面向对象的系统将导致设计和建造方式的巨变。

第二节 BIM技术在建筑工程中的软件系统的运用

一、BIM技术的建筑设计软件系统

BIM技术难以把握,建筑信息模型首先是一个全面的建筑物3D模型,它能够连接建筑物设计、施工、使用和维护等建筑工程全生命期的各个阶段的数据、过程和资源,涉及建筑、结构、水电、暖通、设备等多个专业的信息,且需要以面向对象的方式按三维空间关系表达出来。下面针对建筑工程全生命周期的起点工作——建筑模型建立,研究辅助建筑模型设计、创建的软件,结合国情,研制基于BIM技术的建筑设计软件。

(一)信息模型

结合国内设计习惯、设计规范、设计基础,确立了三维模型与施工图一体的研发方向,将模型信息的变化与施工图的表现同步呈现给终端用户,即同步解决模型的空间展示、模拟以及施工图表现的问题,同时采用IFC文件作为模型交换文件,实现与外系统的友好连接。

1.基于BIM技术的建筑设计软件需求模型

通过广泛调研,并结合国内设计规范、设计习惯及各设计院的设计流程,确定了平面施工、后台建立模型的路线。首先满足目前我国广大设计人员的第一需求即施工图的需求,同时满足未来可能变革的设计需求即模型需求,采用施工图后台同步建立的三维模型方法解决,也就是说是系统提供的自主建模能力,完成软件需求模型的设计。

2.IFC解析器模型

在本软件研制过程中,综合设计规范和专业特点,对建筑构件的控制参数、表现形态、构件关系做了系统的梳理,建立了IFC解析模型。

（二）软件系统

1.基于BIM技术的建筑设计软件原型系统模型

分析BIM的特点，借助反应器、后台处理、构件多态显示控制等机制，实现符合BIM特点的构件参数化创建、构件面向对象表达、构件数据联动、构件三维可视化、模型数据共享等，完成基于BIM技术的建筑设计软件原形系统模型设计工作。

2.系统特点

本系统设计采用层模型设计方式，平面施工图与三维信息模型一体化设计。层模型建立过程中，系统对三维模型进行了平面施工图表现处理，操作者在俯视和轴测状态看到的分别是平面施工图和三维模型，构建的定义信息和楼层信息直接存入工程数据库中，构件间的专业关联关系自动建立，根据需要从模型和工程数据库中提取信息生成立剖面图、局部详图，可以导出模型到PKPM、IFC、DXF。

本系统与国内外已有设计软件相比具有以下特点与优势：

第一，符合我国的设计习惯，构件的控制参数设计符合国内的习惯。

第二，立足在模型，重点在施工图。模型的俯视图状态始终是平面施工图状态，平面施工图与三维模型一体化的设计，让模型的建立始终与施工图的展现同步。图面表达符合我国规范习惯：施工图的表示一步到位，无须再移环境处理。

第三，实现与国内市场占有率极高的PKPM结构软件模型直通设计。

第四，该软件系统的全部原代码是采用VC++编写的，编译版本包括VC++2013、VC++2017，构件完全采用面向对象设计，因此具有很方便的接续开发能力，接续开发对本系统构件的操作能力等同于本系统的操作，只要开放类库就能实现。

（三）关键技术与创新点

1.关键技术

本系统解决的关键技术问题如下：

①在建筑模型与施工图。优化解决方案及模型数据输出方面都有突破。从符合国情及规范习惯的施工图入手，既解决了国内用户对建模软件上手困难的问题，又实现了无痕迹的施工图输入到模型输出的自然过渡。

②模型数据输出方面,除了传统的内部数据模型衔接输出以外,在国内建筑设计软件中首次提供支持 IFC 标准的数据输出、输入功能,实现了模型的无障碍输出,解决了模型数据的孤立问题。

③自动生成立、剖面图,保证施工图(平面、立面和剖面图)与模型一致,极大提高了设计效率。

④自动统计门窗表,减轻了设计人员的工作量。

⑤自动统计各类建筑面积,提供建筑指标,为合规性检查提供了便利。

⑥自动统计各种建筑材料,方便实时成本控制。

⑦利用模型完成节点详图,方便标注,极大地提高了设计效率。

2.创新点

本系统的创新点如下:

①将模型导出到各类专业软件中,进行了采光模拟、人员疏散模拟、火灾烟气模拟、能耗分析等,对于扩展模型应用,避免重复建模,提高效率产生了积极作用。

②利用该软件构建模型并根据设计师要求不断调整模型,进行方案论证,极大提高了设计师与业主等相关工程参与方的沟通效率,对于挖掘 BIM 作为沟通平台的潜力进行了各类模式上的探索。

(四)实施应用情况

本系统在申都大厦改建项目中得到了应用。该项目为一改建工程,由厂房改建为办公楼,用地面积 $2038m^2$,总建筑面积 $6836.62m^2$,地上 $5766.7m^2$,地下 $1069.92m^2$,建筑占地面积 $1106m^2$,建筑密度 54.27%,容积率 3.14%,绿地面积 $208m^2$,绿化率 10.21%,建筑高度 23.750m,机动车停车库车位 24 个,非机动车停车位自行车 43 辆。

在应用过程中,使用本系统建立了建筑模型,并由本模型自动生成立面、剖面施工图。同时将模型信息以 IFC 标准数据文件导出,从而进行后续的计算与分析。

通过此次应用,系统本身的建模能力得到了检验,此项目涉及墙、柱、梁、门、窗、幕墙等,由于本系统符合国内设计规范、设计习惯,因此在建立模型方面均能在软件中较容易实现,并且由于系统具有三维模型与平面施工图一体化功能,得到的平面施工图与三维模型是同步的,有效地解决了模型修改变化的问题。

二、BIM技术的建筑成本预测软件系统

研制基于BIM技术的建筑成本预测软件系统,首先将有助于BIM技术在我国的推广和应用。同时,也将有助于提高我国的建筑成本预算水平,提高工程造价预算的效率和准确度,其结果将提高各个参与方的成本控制能力,同样能提高我国建筑企业的市场竞争力。因此,本系统会带来显著的经济效益和社会效益。

(一)信息模型

1.基于BIM技术的建筑成本预测信息模型

结合我国建筑成本项测实际,区分施I图预算和施工预算,依据清单计价原理和定额计价原理及相关的我国规范,建立了适合于我国建筑成本预测实际的建筑成本预测信息需求模型,并通过对IFC标准表示方法的研究,运用IFC标准提供的实体对信息需求模型进行了表达,由此建立了基于IFC标准的建筑成本预测信息模型。这些模型是研制基于BIM技术的建筑成本预测软件系统的基础。

2.基于IFC标准的建筑成本预测属性集

结合我国建筑成本预测实际,依据我国的相关规范,利用IFC标准所提供的属性集扩展机制对IFC标准属性集进行了扩展。本节建立的扩展属性集有"全国建筑工程基础定额属性集""北京市建设工程基础定额属性集"和"四川省建设工程工程量清单计价定额属性集"。用同样的方法可建立针对其他省、市、自治区的扩展属性集。扩展属性集可以有效地对分部分项信息进行存储,从而有助于信息的共享,同时也是自动生成清单项目和自动套定额所必需的。

(二)软件系统

1.系统功能需求

在对现有建筑工程成本预算软件功能分析基础上,结合文献调研与实地走访,归纳得到的基于BIM技术的建筑成本预测软件系统的功能需求。

2.系统模型

在已建立的信息模型和系统需求分析基础上,建立了系统模型,包括总体模型、BIM数据管理平台和基于BIM技术的建筑成本预测功能模块。

3.系统逻辑结构

基于BIM技术的建筑成本预测软件系统(BIM-Estimate)由数据层、功能模块层和用户界面层三部分构成。其中功能模块层由工程设置、清单项目设置、工程量生成、工程计价和报表生成及管理5个模块构成。

4.系统工作流程

系统的使用情形包括编制工程量清单及组价。对于不同的使用情形,系统的工作流程有所区别。

对于有先后顺序的步骤,当对先前的已经完成的步骤重新操作时,对于不能自动处理的步骤,系统将强制对其进行重新操作。

5.系统特点

本系统与国内外已有的工程算量软件相比,具有以下特点与优势:

①能够实现对三维表示的设计结果的直接利用。

②支持预算人员高效地录入其他预算信息。

③能够实现自动生成工程量清单。

④能够实现自动套定额。

⑤支持工程量自动生成。

⑥支持预算人员对工程量计算结果的快速校核。

⑦能够将预算结果以IFC标准数据文件的格式进行导出。

(三)关键技术与创新点

1.关键技术

本系统解决的关键技术问题如下:

(1)对IFC中性文件的解析存储技术

在建筑成本预测过程中,使用以IFC数据文件形式的设计结果输入。IFC标准的描述语言是EXPRESS语言,它是一种面向对象的形式化信息建模语言,用以对作为设计信息的IFC数据文件进行结构化描述。要想从IFC数据文件中获取具体的设计信息,必须对其内容进行解析。本研究首先开发了一个IFC中性文件的解析模块,之后通过深入的分析和比较,主要考虑运行效率选用了荷兰TNO公司开发的IFC解析工具IFC Engine DLL进行IFC数据文件的解析和存储。

(2)基于IFC实体对象的成本预测技术

基于BIM技术的建筑成本预测软件系统直接利用基于BIM技术的设

计软件产生的IFC数据文件,依据我国的清单计价规范、工程量计算规则以及各地区的定额本等规范,实现建筑成本预测,并最终可以将预测数据以IFC数据文件形式导出,以便后续的软件直接利用。这是一项综合性的技术,本研究通过对IFC标准的深入研究,综合各种软件开发技术,以自主开发的方式实现了该技术。

(3)成本项与建筑产品对应关系的直观表达技术

由于成本项目来源于建筑产品,它们之间对应关系的直观表达技术可以让用户对软件计算的结果以手工方式进行校核,从而对软件所得到的结果做到心中有数。要实现成本项与建筑产品对应关系的直观表达,需熟练掌握图形软件开发技术。本研究选用的是美国的可视化技术方案供应商SGI公司开发的基于OpenGL的面向对象三维图形软件开发包Open Inventor作为图形支撑软件,建立相应的算法,并编程实现了成本项与建筑产品对应关系的直观表达技术。

2.创新点

本系统的创新点如下:

①基于BIM技术的主流数据标准IFC,首次结合我国成本预测的实际,对IFC标准进行了扩展,并建立了基于IFC标准的建筑成本预测信息模型,为将BIM技术应用于我国建筑成本预测奠定了基础。

②对BIM数据的主流数据标准IFC进行扩展,使之满足我国建筑工程成本预测的需求,并建立了相应的信息模型,为将BIM技术应用于我国的建筑成本预测奠定了基础。

③结合我国规范,建立了从IFC数据自动生成清单项目和自动套定额的机制,并在原型系统的开发过程中得到了实现,使得设计阶段的数据在成本预测过程中得到了充分利用,大大地提高了预算人员的工作效率。

(四)实施应用情况

从2010年2月起,对本系统进行了示范应用。在示范应用中,选取了都江堰某中学工程教学楼中的综合教学楼作为示范项目。该工程是由上海现代设计集团华东建筑设计研究院设计、上海绿地建设(集团)有限公司施工的建筑工程项目,是汶川地震上海第一批援建项目中最大的学校项目。工程总占地130亩,建筑面积44425m²,总投资约1.4亿元。应用过程中,针对其土建工程部分,利用本系统编制了工程量清单和标底。应用效

果如下:

第一,通过利用本系统,得到了准确的工程量清单和标底。结果表明,本系统提供的应用功能能够满足针对示范项目进行施工图预算的要求。

第二,相对于国内现有的建筑成本预算软件,本系统提高了预算人员的工作效率并减少错误发生的概率。例如,由于系统能够自动导入三维表示的设计结果,实现对设计结果的直接利用,使得重复性的、大量的建立三维模型的工作得以避免,从而有效地减少了错误发生的概率,提高了预算结果的准确性。另外,对于分部分项工程量清单的编制,利用本系统,可以对示范项目67%的建筑构件实现清单项目的自动生成,从而只需手动对33%的建筑构件进行操作,而应用传统软件时,需要100%进行手动操作。

三、BIM 技术的建筑节能设计软件系统

针对建筑工程全生命周期,着眼于节能设计,基于BIM技术,研究适合我国的建筑节能设计信息模型,研制基于BIM技术的建筑节能设计软件系统。这将有助于BIM技术在我国的推广和应用,提高我国建筑节能设计的效率和水平,促进建筑节能设计标准的执行和推广,从而有助于降低建筑使用阶段的能源消耗,提高能源使用效率及我国的建筑节能设计水平。

(一)信息模型

通过对《公共建筑节能设计标准》GB50189-2005的分析,归纳了节能设计中所需的IFC实体及属性。在此基础上通过对IFC标准的深入研究,建立了基于IFC标准的适合于我国实际的建筑节能设计信息模型。通过研究上述实体及属性在IDF数据格式中的表达,建立了基于IDF数据格式的建筑信息模型。这些模型是研制基于BIM技术的我国建筑节能设计软件的基础。

(二)软件系统

1.系统功能需求

在对已有建筑工程节能设计软件功能分析的基础上,结合文献调研与实地走访,归纳出基于BIM技术的建筑节能设计软件系统的功能需求。

2.系统模型

在已建立的信息模型和系统需求分析基础上,建立了系统模型,包括

总体模型、BIM数据管理平台和系统功能模块结构。

3.系统逻辑结构

BIM-EnergyDesign系统由数据层、功能模块层和用户界面层三部分构成。其中功能模块层由基本设置、初步验算、构造设置、检查规范指标、运行设置、高级验算和生成报告书7个子模块构成。

4.系统工作流程

系统流程的整体思路是：首先设置项目的基本信息，接着计算窗墙面积比等基本参数和进行构造设计，然后利用规定性指标校核技术判断设计是否满足要求。若节能设计满足规范的所有要求，则设计完毕。若节能设计不满足规范要求，则应重新设计或生成参考建筑进行权衡判断。若设计建筑全年采暖和空调能耗值小于参考建筑的全年采暖和空调能耗值，则设计完毕，否则应再次修改设计。

（三）关键技术与创新点

1.关键技术

本系统解决的关键技术问题如下：

（1）主流能耗模拟分析软件与BIM的接口技术

该成果可用系统中自动调用主流能耗模拟分析模拟软件——EnergyPlus进行设计建筑和参考建筑的能耗模拟，并且将EnergyPlus的计算结果读到系统中。

（2）基于BIM的热区智能化设置技术

该成果可以自动合并相邻的且温度控制要求相同的热区，有效地减少热区数目，从而节省EnergyPlus的计算时间。此外还有热区的合并和拆分的功能。

（3）基于IFC标准的模型与基于IDF数据格式的模型间的数据转换技术

该成果分别建立的基于IFC标准的模型和基于IDF数据格式的模型，根据基本参数、热区、围护结构的几何数据、材料和构造、运行逐时参数、内热源以及设备等在两个模型的对应关系，形成了由基于IFC标准的模型到基于IDF数据格式的模型转换机制。

（4）基于BIM的建筑节能设计规范一致性评估技术

2.创新点

本系统的创新点如下：

①通过文献调研、实地调研等多种形式,基于 BIM 技术的主流标准 IFC,结合我国节能设计标准,建立基于 BIM 技术的建筑能耗信息模型。

②建立了由基于 IFC 标准的模型向基于 IDF 数据格式的模型的转换机制,克服了两种差异巨大的数据格式之间转换的复杂性。将节能设计数据与 1FC 数据相结合,形成了用于进行能耗模拟的 IDF 数据。

③建立了基于我国节能规范、基于 BIM 技术的建筑节能软件系统,并开发了原型系统。通过应用 BIM 技术,在应用软件的内容及形式上实现更加强大的功能和更好的易用性,对上海申都土建改造项目进行了节能设计的示范应用,实现更加有效的方法。

(四)实施应用情况

在示范应用中,选取了上海申都大厦改建项目作为示范项目,应用本系统进行了建筑节能设计。该项目为一改建工程,由厂房改建为办公楼,用地面积 2038m²,总建筑面积 6836.62m²,其中地上 5766.7m²,地下 1069.92m²,建筑占地面积 1106m²。本系统利用该项目的建筑设计数据进行了节能设计。利用 Autodesk Revit 对工程进行了三维建模,并导出了 IFC 数据文件。本系统的应用即是通过利用该 IFC 数据文件进行的。本系统的应用效果如下:

①通过利用本系统,得到了满足《公共建筑节能设计标准》GB50189-2005 的建筑节能设计结果。应用结果表明本系统提供的应用功能能够满足针对示范项目进行节能设计的要求。

②由于系统能够自动导入三维表示的设计结果,实现对设计结果的直接利用,使得重复性的、大量的建立三维模型工作得以避免,从而有效地减少了错误发生的概率,提高了节能设计结果的准确性。

四、BIM 技术的建筑施工优化软件系统

建筑工程项目的实施,会涉及政府部门、业主、规划、设计、施工、监理、材料、设备供应商等多个方面。由于跨企业和跨专业的组织结构不同、管理模式各异、信息系统相互孤立,导致了大量分布式异构工程数据难以交流、无法共享,造成各参与方之间信息交互的种种困难,以致阻碍了建筑业生产效率的提高。本节以建筑施工优化信息模型理论为基础,综合应用离散事件仿真技术,以 IFC 为施工优化信息描述与交换标准,研究建筑施工优化信息模型建模方法,建立相应的工程信息集成方法,支持建筑施工从方案设计到施工过程的动态进度优化、资源优化、场地优化与布置。基于IFC标准和工程信息模型,开发面向建筑施工优化的软件系统。同时,研究与4D可视化模拟的集成机制,实现施工优化结果的可视化验证,为制定施工计划、施工场地布置、资源调配、提供决策依据。系统可以提高施工计划的质量、减少施工总工期,降低总成本,优化资源。

(一)信息模型

1.基于IFC的施工优化信息模型

应用IFC标准定义了施工优化与过程控制管理相关的人力、机械、材料等资源信息模型,通过将资源信息模型与施工计划、成本和施工场地信息进行关联和集成,构建了基于IFC标准的施工优化信息模型。该信息模型是在IFC过程扩展(Process Extension),共享管理元素(Shared Management Element)和施工管理领域模型(Construction Management Domain)的基础上,将施工优化数据进行了有机地组织和集成管理。

2.离散事件模拟优化模型和数据交换与共享

离散事件模拟优化模型由施工过程定义、场地布置定义、控制变量与资源属性定义三个部分组成。首先将施工过程中的施工活动划分为一系列离散事件,然后利用IFC模型定义和数据交换机制,将完成这些施工活动所需的时间、资源、场地等属性定义与施工优化信息模型中的相应信息建立映射关系,实现了离散事件模拟优化模型与CPM项目管理软件数据模型的数据交换和共享。

3.基于BIM的构件施工定位模型

本研究利用BIM中完整的三维空间模型和设计信息,将设计与施工操作信息集成一体,结合实时数据采集技术和4D技术,提出了集成设计信息的构件实时定位模型和关键算法。在大型构件吊装过程中,使用全站仪对构件上的定位点进行自动的测控,全站仪由安装在便携式电脑的程序控制,该程序将全站仪采集的数据传输到图形控制接口程序中,并将吊装的构件实时的进行三维显示,从而加快了吊装就位过程,并保证了安装的精度。

(二)软件系统

基于施工优化信息模型,开发了建筑施工优化控制与管理系统。软件系统采取松散耦合的架构设计策略,将4D施工管理系统与离散事件模拟优化系统相集成,系统之间通过IFC标准定义的施工优化信息模型进行数据的交换和共享。系统整体架构设计分为数据、模型和表现三个层次。

本系统以施工优化信息模型为核心,是通过优化信息模型提取子系统将其他进度计划软件(如P6)中的进度信息与3D几何信息、离散事件模拟优化模型(SDESA)和4D场地及设施模型相集成,形成完整的模型数据提供给应用层使用。整个系统包含3个子系统,其中每个子系统下面又包含两个基本功能模块。

1.基于BIM和离散事件模拟的施工进度与资源优化

(1)基于IFC的施工优化数据模型转换

基于IFC标准对施工过程的数据模型定义,开发了关键路径(CPM)方法数据模型与离散事件模拟数据模型的转换子系统,实现了专业项目计划商品软件P3/P6与施工优化系统(SDESA)的数据共享。基于BIM的优化信息模型提取程序的用户界面,该程序能够从其他数据源中提取优化信息模型所需要的数据,并将这些数据导入到基于离散事件模拟的优化系统(SDESA)中进行施工工序和资源的优化。

(2)基于离散事件模拟和粒群优化算法的施工优化

通过对各项工序的模拟计算,得出工序工期、人力、机械、场地等资源的占用情况,对施工工期、资源配置以及场地布置进行优化。在子系统的用户界面,提供了图形化的接口供用户建立离散事件模型,也可通过上述模型转换模块导入所需的数据。

2.基于过程优化的4D施工可视化模拟

(1)基于IFC的场地与机械设施等施工资源的动态建模

提供了交互式场地与机械设施三维实体对象建模功能,这些实体对象可与进度计划进行关联。施工资源和施工场地的三维动态建模子系统提供了易用的交互式三维实体建模功能,将抽象的资源信息以三维实体的方式进行了表达,一方面,便于施工管理人员了解现场的场地、机械等资源与空间和时间的动态关系,另一方面,为基于过程的施工可视化模拟和碰撞检测奠定了基础,为验证施工优化结果的可行性和有效性提供了技术和方法。

（2）基于过程优化的4D施工可视化模拟

采取松散耦合的架构设计策略，将4D施工管理与施工过程优化系统相集成，两个系统之间通过IFC标准定义的数据模型进行数据的交换和共享，实现了基于过程优化的4D施工可视化模拟。

3.基于BIM和4D技术的施工关键工序控制

将施工定位技术和4D施工过程模拟技术融合，充分利用BIM中完备的三维信息，集成施工现场自动数据采集（传感）技术，通过自主研发的空间定位算法，开发了提高施工效率和质量的大型结构安装定位控制系统，在大型构件吊装过程中，使用全站仪对构件上的定位点进行自动的测控，全站仪由安装在便携式电脑的程序控制，该程序将全站仪采集的数据传输到图形控制接口程序中，并将吊装的构件的姿态实时进行三维显示，从而加快了吊装就位过程，并保证了安装的精度。

4.施工过程综合管理

该功能融合了实际施工过程中的日报表、月报表，结合施工优化结果，对实际施工进度和施工资源使用进行综合的管理。

（三）关键技术与创新点

1.关键技术

本系统解决的关键技术问题如下：

（1）基于BIM的施工优化信息模型技术

基于IFC标准定义了施工优化与过程控制管理相关的人力机械、材料等资源信息模型，通过将资源信息模型与施工计划、成本和施工场地信息模型进行关联和集成，构建了基于IFC标准的施工优化信息模型。该信息模型充分利用了BIM技术在信息集成和共享上的特点，将施工优化数据进行了有机的组织和集成管理，实现了专业项目计划软件P3/P6中的数据模型与离散事件优化模拟数据模型（SDESA）的数据交换和共享。

（2）基于过程模拟的施工优化理论和技术

基于离散事件模拟理论，首先将施工过程中的活动划分为一系列具有一定关系的离散事件，然后将完成这些施工活动所需的时间与施工优化信息模型中的资源、工程量等信息建立函数关系，最后综合应用离散事件模拟，蒙特卡罗随机模拟和粒群优化算法的理论和方法，分析施工资源与施工工期之间的动态关系以及不确定性事件对工程工期的影响，从而提出了合理工期条件下的施工资源和场地的优化方法和技术,以及在一定资源和场地条件下对施工工序进行优化,从而优化了工程工期。

(3)基于过程优化的 4D 施工可视化模拟技术

提出集成 4D 技术和离散事件模拟的施工优化及过程可视化模拟方法,将 4D 施工管理系统(4D-GCPSU)与基于离散事件模拟的施工优化系统(SDESA)进行集成,实现可视化的 4D 施工过程以及施工操作模拟。与一般的 4D 过程模拟相比,新的可视化模拟技术可展示施工机械、施工场地等资源的动态使用情况,为验证施工优化结果的可行性和有效性提供了技术和方法。

(4)基于 BIM 的构件施工定位技术

基于 BIM 的施工优化涉及两个维度,第一是面向施工过程对进度计划和资源调配方案进行优化,第二是针对施工工序提高技术和效率。本研究充分利用 BIM 中完整的三维空间信息,将设计与施工操作信息集成一体,结合实时数据采集技术和 4D 技术,提出了集成设计信息的实时定位理论、技术和关键算法。

2.创新点

本系统的创新点如下:

①基于 IFC 标准和数据交换技术,建立基于 BIM 技术的施工优化信息模型。通过施工优化信息转换接口,实现了从基于 CPM 项目管理软件中导出施工优化信息,大幅减少

②引入了离散事件模拟和蒙特卡洛随机模拟技术,将 CPU 网络模型成功转换为离散事件模拟模型,实现基于离散事件模拟的施工进度、资源和场地的优化,资源定义和中断限制更加灵活,能适应复杂的工程项目。

③结合基于 BIM 的 4D 施工模拟技术,实现了施工优化结果的 4D 可视化模拟,解决了传统施工优化技术难以验证优化结果的难题。

(四)实施应用情况

广州珠江新城西塔(广州西塔)是由中国建筑股份有限公司与广州市建筑集团有限公司联合总承包管理的一个超大型项目,项目位于广州市 CBD 核心区,项目总投资约 60 亿元人民币。项目由办公楼、裙楼、主塔楼三部分组成,占地面积超过 3.1 万平方米,总建筑面积 45 万平方米,主塔楼

为103层,高440米。

系统应用于广州西塔工程施工项目部,将4D过程模拟、施工过程优化和施工动态管理集成一体,对工程进度、资源、场地进行优化和动态、集成、可视化管理,验证了基于离散事件模拟优化理论、方法及系统的可行性,能适应超高层建筑的施工模拟与优化管理,取得了较大的社会、经济效益。经与应用方商议,按工程成本0.3%估算,节支约900万元。本系统应用于"广州珠江新城西塔项目管理信息化系统",并于2009年通过中国建筑总公司组织的专家验收。

五、BIM技术的建筑工程安全分析软件系统

建筑施工安全问题层出不穷,影响了建筑业的可持续发展,给人民的生命安全带来了损失。将施工安全管理和建筑结构安全分析结合起来,研究面向施工现场的新的安全技术理论、手段和管理工具,实现建筑施工安全的现代化管理,已经成为目前亟待解决的关键问题。本节内容针对建筑工程全生命周期,着眼于建筑工程安全分析,基于BIM技术,研究建立适合我国的建筑工程安全信息模型,研制基于BIM的建筑工程4D施工管理与安全分析系统。

(一)信息模型

1.基于IFC标准的4D施工安全信息模型

通过研究自动提取设计阶段的可重用信息,建立面向施工安全与冲突分析的BIM数据存储及关系法则。提出sub-BIM概念,并基于IFC的sub-BIM信息提取、集成与应用方法,面向施工期的安全与冲突分析,应用IFC标准定义了施工安全涉及的结构及支撑体系、施工过程冲突分析以及碰撞检测等信息,建立了基于IFC标准的4D施工安全信息模型。

2.4D时变结构安全分析模型

通过施工期建筑结构、材料性质以及荷载等随时间和进度变化的时变分析,研究基于4D施工安全信息模型的时变结构安全分析方法,建立4D时变结构安全分析模型,进行时变结构的力学分析计算。

3.施工冲突分析与管理需求模型,

在分析施工过程中进度、资源、成本管理流程,明确冲突分析的需求和任务的基础上,基于4D施工安全信息模型,结合施工过程的4D可视化模

拟,建立了施工冲突分析与管理需求模型。其中,综合应用了人工智能和预测评价的理论、方法,结合静态与动态预警机制,对施工过程的进度、资源、成本管理进行冲突分析、评估和预测。

4.施工场地设施时变空间模型

应用建筑结构三维模型的几何表示方法,基于 4D 施工安全信息模型,建立了适合施工场地设施碰撞检测的动态时变空间模型,研究其数学描述并设计其数据存储法则。基于施工场地时空模型,针对场地设施碰撞检测的具体需求,提出碰撞检测的改进算法,明显提高了碰撞检测的效率。

(二)软件系统

基于 4D 施工安全信息模型和关键技术的研究,完成了"基于 BIM 的建筑工程 4D 施工安全与冲突分析系统"的设计与开发,该系统与原有的"基于 IFC 标准的建筑工程 4D 施工管理系统"相集成,在 4D 动态施工管理和过程模拟中实现了施工安全与冲突分析。系统的整体功能。

其中,4D 施工安全与冲突分析又划分为五个功能模块:现场安全检查评分、4D 结构安全分析、4D 进度冲突分析、4D 资源及成本冲突分析以及 4D 场地碰撞检测。

1.现场安全检查评分

实现施工过程安全检查电子评分表,包括《建筑施工安全检查标准》JGJ59—99 规定的全部十大项评分内容,并可自动生成报表文件。

2.4D 结构安全分析

(1)基本设置

①碰撞检测:应用"轴线——层次包围盒——表面"碰撞检测算法,进行支撑体系和主体结构的碰撞检测,用于排除布置不合理的支撑杆件。

②关联构件的材料属性:给主体结构构件以及支撑、模板设定材料属性。

③关联工序的荷载属性:根据时变结构安全分析的荷载取值以及支撑体系计算的荷载规范,给工序设定关联的荷载效应属性。

④定义结构节点容差:可强制性输入从建筑模型导出结构模型时的节点容差,或者允许程序自动计算(在一些特殊结构的情况下计算值可能并不合适)。

⑤调整网格划分细度：导出时变结构分析模型或支撑体系分析模型到APDL文件时，可以指定ANSYS网格划分的细度。系统预先设置了精细、一般、粗略三种网格划分的细度。

⑥设置预警阈值：根据不同的应用对象和不同的预警机制，设置相应的预警阈值。

(2)时变结构安全分析

①导出时变结构分析模型：通过选定一系列时间点，首先分析建筑模型的结构状态，然后自动导出结构分析模型接口文件。ANSYS读入接口文件后，可对模型稍做修改或直接进行有限元结构计算。

②打开结构分析模型文件：结构分析模型文件，即有限元分析接口文件，是以文本方式存储的。通过此功能，可以方便快捷地浏览所有时间点的结构分析模型文件。

③计算结果分析：分析有限元的计算结果，评价时变结构的安全性。

④计算结果表现：通过Open GL图形平台表现有限元计算结果，包括应力、应变云图以及位移图等。

(3)支撑体系安全分析

①支撑体系快速建模：应用支撑体系快速建模系统，根据结构的模板轮廓，建立木模板和钢管扣件式满堂支撑框架体系的简化模型，包括支撑杆件和模板。

②设置支撑/模板属性：给支撑杆件和模板设定类型、特殊的截面属性和特殊材料属性。

③导出支撑体系分析模型：通过选定一系列时间点，分析支撑体系的结构状态，自动导出结构分析模型文件到ANSYS，直接进行有限元分析计算。

④打开支撑体系分析模型文件：可以方便快捷地浏览所有时间点的支撑体系分析模型文件。

⑤计算结果分析：对支撑体系有限元计算结果进行分析，评价支撑体系的应力、变形和稳定性等安全属性。

⑥计算结果表现：通过Open GL图形平台表现有限元计算结果，包括应力、应变云图以及位移图等。

3.4D 进度冲突分析与管理

①实际进度及资源信息的录入与日报表:提供日报表的填报、信息查询和报表打印功能,实现实际进度和资源信息的自动录入。

②图形化进度对比:根据施工开始或施工结束,进行计划时间与实际时间的进度对比,并以不同颜色在 3D 构件模型上进行图形表示。

③质检报告查询:可以查询构件的质量检查报告。

④设定里程碑任务:将关键的 WBS 任务节点设定为里程碑任务,并指定其最晚完成时间。

⑤里程碑冲突分析:根据任务的紧前紧后关系、当前实际完成情况、工期以及里程碑任务的最晚完成时间,进行里程碑冲突分析。

⑥工作优先级优化:通过施工过程模拟或当前施工状态分析,优化工作任务的优先级,从而指导施工资源的分配。

4.4D 资源及成本费用冲突分析

(1)资源冲突分析

动态计算任意时间点的资源消耗量,与资源计划和存量做对比并进行冲突分析。

(2)费用与预算成本冲突分析

动态计算任意时间点的预算成本以及费用,根据预设的预警机制和阈值进行其冲突分析。

(3)实际费用冲突分析

根据预设的预警机制和阈值,进行实际费用的冲突分析。

5.4D 场地碰撞检测

(1)场地设施间碰撞检测

进行场地设施之间的碰撞检测,并对冲突设施进行高亮警示。

(2)场地设施与主体结构碰撞检测

进行场地设施与主体结构之间的碰撞检测,并对冲突的设施或结构进行高亮警示。

(三)关键技术与创新点

1.关键技术

该系统解决的关键技术问题如下:

①面向建筑工程设计和施工阶段的信息共享,提出了施工安全与冲突分析及管理的整体解决方案,为提高建筑施工安全分析与管理技术水平提供了一条可遵循的途径和技术路线。

②基于BIM技术建立了4D施工安全信息模型,可实现建筑设计、结构分析和施工管理的信息共享与集成管理,为建筑施工安全分析和管理提供统一的数据源和模型基础。

③结合现有的时变结构和支撑体系分析方法,提出了4D时变结构安全分析模型,实现了从建筑模型到结构模型的双向转换,解决了时变结构连续动态的全过程分析问题,为现行时变结构理论和支撑体系安全分析方法的实际应用,探索了可行的途径、方法和技术。

④提出了基于4D施工安全信息模型的施工进度、资源以及成本费用的冲突分析和管理方法,可补助施工管理人员把握和分析施工过程中的各种冲突问题,达到预警冲突、防范安全隐患和辅助决策的目的。

⑤通过构建施工现场及场地设施实体的4D时变空间模型,提出了基于4D时变空间模型的施工现场精确碰撞检测算法,可实时动态地对场地设施和主体结构之间可能发生的物理碰撞进行检测和分析,并对施工现场进行合理布置和实时调整,可以减少或避免施工现场安全隐患。

⑥在调查和分析当前施工期安全评价和管理的工作流程、信息流程和方法的基础上,对照了《建筑施工安全检查标准》JCJ59-99规定的全部十大项评分内容,实现施工安全检查评分表的电子化,为施工常规安全检查提供了工具。

2.创新点

该研究的创新点如下:

①建筑信息模型的建模技术:发展了4D模型理论,在已有的4D施工信息模型基础上,扩展结构安全分析和施工安全管理的相关信息,建立了基于IFC标准的4D施工安全信息模型,实现了施工进度、资源、成本、场地布置、结构/支撑体系安全分析的4D集成化动态管理和4D可视化模拟。

②施工期时变结构和支撑体系的安全分析技术:结合现有的时变结构和支撑体系分析方法,提出了4D时变结构安全分析模型,实现了从建筑模型到结构模型的双向转换,有效地解决了时变结构连续动态的全过程分析问题。

③集成施工管理与安全分析、预测和控制:基于 4D 和 BIM 技术,实现了施工过程时变结构和支撑体系的安全分析;施工进度/资源/成本的冲突分析和预测以及相应的预警机制和决策支持技术;施工现场、结构体系内部的物理碰撞检测,实现了设计结果以及施工全过程动态的碰撞检测;施工过程安全检查评分电子化。

④结合工程实际,强调工程应用:研究成果应用于北京奥运会国家体育场、深圳机场 T3 航站楼、青岛海湾大桥、广州珠江新城西塔、上海国际金融中心、海军总医院 9931 工程等多个大型工程,对于提高施工效率、保障施工过程结构安全、减少施工冲突以及提高信息化管理水平等方面,取得了显著的成效。

(四)实施应用情况

"基于 BIM 的建筑工程 4D 施工安全与冲突分析系统"在青岛海湾大桥项目中进行了示范应用。主要验证施工进度、资源、成本冲突分析及管理的可行性和应用效果。其中施工进度冲突分析为业主方控制、管理和评价各个标段施工进度提供了动态、实时和可视化的信息查询、里程碑分析和任务优化,也为施工单位进行进度调整和控制提供了直观的图表分析结果和方便的操作手段。

系统应用了施工成本和资源的冲突分析及管理,通过任意时间点的资源需求量和实际费用的实时计算,并与预先设定的资源总量、闲置资源存量和预算成本进行对比,预测是否存在资源和成本冲突,并发出预警,为施工资源分配的实时调整和成本控制提供了定量参考。对于业主和施工方控制和管理施工资源和成本,提供了传统方法无法比拟的技术和决策支持。应用效果表明系统不仅适用于建筑工程,还可应用于桥梁工程。通过对施工进度、资源和成本的冲突分析及管理,可及时发现和解决施工过程以及进度、资源、成本管理的冲突,提高工程的准确性和施工管理水平。该系统在国家体育场项目、深圳机场 T3 航站楼项目、广州珠江新城西塔项目、上海金融交易中心项目、海军 9931 工程等工程进行了应用,取得了良好效果。

六、BIM 技术的建筑工程耐久性评估软件系统

应用 BIM 技术实现耐久性设计、分析与评估的集成化和自动化,是提高试验室加速劣化试验与实际环境作用相似度、推进混凝土结构耐久性试验研究方法的有益尝试,也是解决混凝土结构耐久性设计与寿命评估的有效途径之一。本节内容针对建筑工程全生命周期,着眼于结构耐久性分析,基于BIM技术,将目前国内外的相对独立的耐久性评估理论研究和实践经验进行了整合,并将方法进行了归纳和总结,研究建立适合我国的结构耐久性信息模型,研制基于BIM技术的建筑工程耐久性评估软件系统。

(一)信息模型

1.混凝土结构耐久性理论

混凝土结构耐久性是指一个构件、一个结构系统、一幢建筑物或一座构筑物在一定时期内维持其安全性、适用性的能力。混凝土耐久性研究的内容,一般分为材料耐久性研究、构件耐久性研究和结构耐久性研究三个层次。材料耐久性研究的内容主要涉及混凝土碳化、钢筋锈蚀、冻融循环、碱集料反应以及氯离子侵蚀等方面;构件耐久性研究通常包括混凝土锈胀开裂的研究、锈蚀钢筋和混凝土黏结性能研究及锈后构件承载力的研究三个方面;结构层次的混凝土结构耐久性研究一般来说包括拟建结构的耐久性设计和在役结构的耐久性评估。结构的耐久性损伤或耐久性破坏则指结构性能随时间的劣化现象,因此研究混凝土结构的耐久性的实质是研究其耐久性的退化与时间的关系模型,这种关系模型的影响因素从产生耐久性损伤的直接原因来看,可以将混凝土耐久性损伤原因分为内部因素与外部因素;从混凝土结构耐久性损伤的机理来看,可以将混凝土耐久性损伤分为化学因素和物理因素。

由上述分析可以看出,影响混凝土结构耐久性的因素既体现了多元化的特点,各个因素之间也相互影响,相互作用,共同决定结构的耐久性水平。

2.结构耐久信息模型

结构耐久信息模型既要有耐久性相关数据的全面存储能力还要具有适合耐久性评估运算与处理的数据结构。同时,该模型需考虑劣化过程有碱骨料反应、混凝土碳化、氯离子侵蚀、硫酸根侵蚀、地下水中二氧化碳侵蚀、应力损失、冻融循环、干湿交替、水蚀作用等。对应的混凝土劣化指标为剩余承载力、挠度、裂缝宽度;钢筋劣化指标包括:钢筋锈蚀速度和截面损失率;构件及结构的外观劣化指标考虑风化、变形、剥落、露筋、锈蚀。

结构耐久信息模型是耐久性分析数据的载体,存储的数据分为原始工程数据和现场检测数据。原始工程数据包括设计文件、原始施工资料和荷载统计三类。设计文件包括工程概况、结构构件几何尺寸、混凝土构件(基础、墙、梁、板、柱)的抗压强度设计值、钢筋等级及尺寸、混凝土保护层厚度、控制混凝土裂缝的构造措施;原始施工资料包括混凝土配合比、使用水泥的品种、水灰比、混凝土试块实测抗压强度、是否使用含氯离子的外加剂(例如防冻剂)、钢筋的实际屈服强度和延伸率、是否采用阻锈剂、是否采用环氧涂层钢筋;荷载统计包括恒载及频数、活载及频数。现场检测数据包括结构损伤检测、混凝土强度检测、钢筋锈蚀检测、结构整体检测与环境参数检测五类数据。具体包括混凝土裂缝(长度、宽度、深度及位置)、混凝土剥落表面积百分率、混凝土回弹仪检测强度、结构次要部位混凝土岩芯取样抗压强度、钢筋锈蚀截面损失率、锈蚀钢筋数量百分率、结构整体变形(刚度退化率)、环境类别及作用等级、温度、湿度及二氧化碳浓度、混凝土碳化深度、氯离子入侵速率及深度。

节点信息模型用于描述构件之间的拓扑关系,将构件组合成结构。运用节点对象,可以在结构体系中定位构件,这是进行结构内力、抗力计算和耐久性评估的必要程序。为了实现上述功能,节点对象必须表达完整的拓扑信息,并实现与构件之间的互访。从节点信息模型的功能需求出发,本系统为节点构件定义了16个属性,其中8个用于几何拓扑关系表达。在上述 8 个属性中,以下 4 个 C4DDumbilityBIM 指针类型的方位构件属性为核 心 属 性 ,m_pComponentUp、m_pComponentDown、m_pComponentLeft、m_pComponentRight,其中 C4DDumbilityBIM 为构件信息模型类,用于表达结构构件。上述 C4DDumbilityBIM 指针类型变量分别指向与当前节点相邻的上、下、左、右构件。

3.IFC 与耐久信息模型数据交换模型

建筑工程的几何数据包括构件的尺寸、配筋形式、标高、跨度等,这些数据在IFC 文件中以属性的形式封装于 EFC 对象中。首先通过 SdaiGetEntityExtentBN(model,"IFCCOLUMN")函数遍历 IFC 文件"FCCOLUMN"类型实体对象,生成由"IFCCOLUMN"对象组成的一维数组,输入参数 model 为IFC 文件的地址,在文件初始化时被赋值,将数组指针保存至临时变量 objects;获得实例对象指针后,通过 engiGetAggrElement 函数访问数组 objects

中索引号为i的元素,返回其指针存入输出参数object;通过构件的独立地址可以访问构件属性,IFC文件将属性数据按顺序存储在分层次的数据结构中,访问特定的数据要求逐层访问各层面对象,直至目标位置。

(二)软件系统

通过开发并整合耐久信息模型、IFC文件接口、耐久性评估功能模块和用户UI界面四个模块实现上述软件需求模型,各模块间的整合原理和数据交换。

1.系统工作流程

在软件系统内部,各个模块之间均实现双向数据交流,数据访问与数据更新可同步进行。本系统的输入文件格式为符合IFC国际标准的IFC文件。实现了对IFC文件的支持,即实现了对建筑全生命周期信息管理的支持,与其他支持IFC格式文件的软件系统之间可以实现无缝数据共享与交换。系统工作流程如下:第一,IFC文件接口从IFC文件读取工程数据,将数据处理后根据耐久信息模型数据结构,生成耐久信息模型对象实例,组成本地数据库;第二,软件使用者可通过用户UI界面访问本地数据库中的工程数据,也可通过用户UI界面修改本地数据库中的数据;第三,作为实现需求模型的耐久性设计与校核模块、在役结构安全评估模块、剩余使用寿命预测模块也通过访问本地数据库实现功能,并将处理过的数据返回本地数据库,经过优化和更新的本地数据库被IFC文件接口格式化为新的IFC文件并保存,生成了经过优化与更新的IFC工程文件,不但保证了结构具有良好的耐久性,也实现了与建筑全生命周期中其他阶段的软件系统数据交换与共享。

2.耐久性评估模块

耐久性评估功能模块为耐久性理论的程序化实现,是应用IFC文件接口生成的本地数据库实现软件系统功能的核心模块,通过总结目前国内外的耐久性研究成果,将建筑结构耐久性评估在实践中的应用归纳为以下三个方面:建筑结构的耐久性设计与校核、在役结构的安全评估以及剩余使用寿命的预测,本系统以此为需求模型进行开发,并分别实现了上述功能。

(1)建筑结构的耐久性设计与校核模块

建筑结构在设计阶段需要将耐久性因素作为设计的重要参考依据。

针对耐久性设计,我国于2008年颁布了《混凝土结构耐久性设计规范》,用于规范设计阶段的耐久性要求。然而由于目前的设计单位普遍采用以结构安全性为标准的软件系统,因此设计结果往往不满足耐久性设计规范的要求,需要人工参照规范校核,对于数据量庞大的建筑工程,其工作量是艰巨的,因此实现计算机耐久性设计与校核能够显著提高耐久性设计效率,本系统将耐久性设计规范集成至系统内部,结合IFC文件工程数据,验证各项设计指标,对于不满足要求的设计条件提出预警、提示修改,在用户进行修改后将设计结果同步更新至IFC文件并予以保存。

(2)在役结构的安全评估模块

划分结构安全等级要根据结构抗力与内力的比值,结合结构功能、环境等因素,按构件、楼层、单元和结构整体的顺序依次评级。其中梁、柱的抗弯、抗压、抗扭曲和抗剪能力是对构件和结构进行安全等级划分的核心数据。目前建筑加固行业普遍采用的方法为现场检测,检测数据由工作人员用于重新建模、计算,最后依据《民用建筑可靠性鉴定标准》进行安全等级划分。对不符合要求的构件或结构进行加固处理。本系统的在役结构安全评估模块能够直接录入现场检测数据,自动重新建模、内力分析,并结合耐久信息模型数据结构,建立了提取安全等级划分所需数据的功能函数,自动从本地数据库中提取安全等级划分数据,结合用户窗口数据,得到当前建筑结构的安全参数,再根据集成至系统内部的《民用建筑可靠性鉴定标准》划分构件和结构的安全等级,并更新至IFC文件,该模块使软件系统实现了对构件和整体结构进行可靠性鉴定的一体化和自动化功能。

(3)剩余使用寿命的预测模块

结构剩余使用寿命预测是在房屋结构修复、加固、改造的决策依据。建筑结构的剩余使用寿命的长短取决于现有结构的损伤程度、损伤速度和耐久性极限标准。本模块集成目前国内权威耐久性研究成果,张誉模型、牛获涛模型、邸小坛模型等耐久性理论,基于耐久性退化数学模型,对结构进行剩余使用寿命预测。在进行结构剩余寿命预测前,根据结构类型和用途、周围环境等级等确定相应的耐久性极限控制条件,输入软件系统,如碳化深度等于保护层厚度、裂缝宽度超过某限值、钢筋锈蚀量达到某比例等,通过现场调查和检测,全面了解结构的耐久性损伤程度,将碳化深度、钢筋锈蚀情况、横向裂缝宽度、变形、纵向裂缝宽度等现场检测结果输入软件系统,结合保存于本地数据库中的工程数据计算损伤速度得到结构剩余使用寿命。[①]

以上为本系统核心功能模块工作原理,上述三模块在实现自身功能的基础上,均能够从本地耐久信息模型数据库中提取工程数据,并与自身数据列表进行比较,将缺失数据建立用户 UI 输入窗口提示用户输入,并且实现窗口输入数据、功能模块、本地数据库、IFC 文件之间双向数据交换,分析结果的输出采用文本、2D 图标、3D 图形等多种方式,方便用户使用。

(三)关键技术与创新点

1.关键技术

该系统解决的关键技术问题如下:

①在深入研究 BIM 技术基础上,探索和研究 4D 理论与 BIM 数据存储原理,建立融合 4D 技术的面向建筑设计、耐久性分析、安全等级划分和寿命预测功能的 4D 耐久信息模型,为建立结构全寿命周期完整的信息体系提供了基础。

②基于 BIM 技术、结构耐久性分析的最新成果,面向结构使用期的三个主要方面:结构安全评估、耐久性分析和寿命预测,提出了系统总体需求和解决方案,并设计了基于 BIM 技术的建筑工程耐久性评估软件原型系统框架。

③针对不同环境和时间节点结构耐久性分析,研究基于耐久信息模型的结构抗力和寿命预测分析理论和方法,为结构耐久性分析提供理论基础。

④研究了基于耐久信息模型的数据转换机制,实现了基于耐久信息模型的建筑信息到结构信息的转换,以及结构时效安全评估、寿命预测等功能的耐久性评估。

⑤提出了基于 IFC 的建筑结构信息获取、信息扩展、集成和共享信息平台,能满足建筑工程全寿命管理的信息需求,提高信息传输的完整性和共享的效率,并实现 IFC 信息的 3D 可视化。

2.创新点

该系统的创新点如下:

---

①黄兰,马惠香,蔡佳含,等.BIM应用[M].北京:北京理工大学出版社,2018.

①在深入研究BIM技术基础上,创新地提出并建立了结构耐久信息模型,解决了结构耐久性研究的信息集成理论问题。针对BIM全部信息一次完全建模困难的问题,提出结构耐久性信息模型的概念,根据耐久信息模型的特征,给出了耐久信息提取、扩展、集成与共享的方法,并描述了模型数据转换机制,为进行结构耐久性分析与评估奠定了理论基础,为建立结构全寿命周期完整的信息体系提供了技术参考。

②基于BIM技术和结构耐久性分析的最新成果,面向结构使用期的三个主要方面:结构安全评估、耐久性分析和寿命预测,提出了系统总体需求和解决方案,完成了基于BIM技术的结构耐久性评估软件系统。

③针对不同环境和时间节点的结构耐久性分析,研究了基于耐久信息模型的结构抗力和寿命预测分析理论和方法,为结构耐久性分析提供理论基础,主要有:

第一,提出并构建结构时效耐久性分析模型;第二,研究了结构耐久性评估模块,以及结构时效安全评估、寿命预测等功能的耐久性评估模块;第三,研究了结构耐久性设计规范验证模块。

④建立了基于IFC的建筑结构信息获取、信息扩展、集成和共享信息平台,研究了基于耐久信息模型的数据转换机制,实现了建筑信息到结构信息的转换,能满足建筑工程全寿命管理的信息需求,并能提高信息传输的完整性和共享。

七、BIM技术的建筑工程信息资源利用软件系统

利用BIM技术,针对施工企业中积累的信息资源,提出合理的利用方法,从而有助于提高施工企业的信息技术与信息管理水平,提高施工企业的核心竞争力。以充分利用信息资源为出发点,基于BIM技术,结合我国施工企业的管理现状与管理需求,解决信息资源利用的关键问题。主要包括:建立信息资源利用概念框架、识别施工企业主要信息资源并建立信息资源模型以及研制信息资源利用软件原型系统等,并通过实际信息验证系统的有效性与实用性。

(一)信息模型

1.信息资源利用概念框架

施工企业信息资源利用概念框架,其出发点是:对信息资源进行有序

的、系统的、可重复的和高效的利用。根据该框架,管理人员通过利用信息系统积累历史信息,经过信息资源提取、信息资源加工、信息资源管理、信息资源利用4个步骤,可得到用于支持管理决策的结果。

该概念框架可从源头上解决信息资源利用效率较低的问题。即每个工程项目一结束,就从其累积的信息中提取信息资源,存入信息资源库,以备今后的使用,其他信息则不入库,这就大大地减少了进入信息资源库的信息量,降低了信息资源管理和处理的难度。在信息资源入库之前,还对其进行标准化,这将大大提高信息资源处理效率。这一框架为信息资源利用提供了一条有效途径,不仅为把握信息资源利用技术的发展起到参考作用,还将为相关专用软件的开发起到引导作用。

2.对施工企业决策环节与所需信息资源的识别

系统地通过文献调研、专家研讨会和典型用户确认等方法,从项目和企业两个层次对施工企业决策环节与所需信息资源进行了识别,并对信息资源的可再利用度进行了判别,得到结论:项目层管理主要关注的决策环节包括确定报价、评估合同风险、制订详细进度计划、制订成本计划、管理控制合同、管理控制成本、评定项目绩效等。企业层关注的决策环节包括预测成本、控制成本、预测人力需求与评价客户等。在信息资源方面,对项目层有重要再利用价值的信息资源主要包括直接/间接费用记录、实际进度明细和承包评定/合同摘要信息等。对企业层有重要再利用价值的信息资源主要包括项目成本记录、成本核算记录和工程款收支记录等。

3.基于IFC标准的信息资源模型

建立了基于IFC标准的信息资源模型。同时,通过对信息资源的分析,对IFC对象实体、IFC关系实体和IFC属性集进行了相应的扩展。该模型及IFC属性集扩展为施工企业信息资源利用系统的设计和编程打下了基础。

(二)软件系统

通过文献调研与实地走访,归纳了基于BIM技术的建筑工程信息资源利用软件系统的功能需求。在此基础上,建立了系统模型,主要包括系统逻辑结构和功能结构。该模型为系统的开发奠定了基础。

在系统功能模块分析和系统设计的基础上,综合运用了各种软件开发技术对系统进行了详细设计,包括功能设计、架构设计、数据库设计、类库设计等,并对系统进行实现。

(三)关键技术与创新点

1.关键技术

本系统解决的关键技术问题如下:

(1)对IFC中性文件的解析存储技术

IFC标准的描述语言是EXPRESS语言,而EXPRESS语言是一种面向对象的形式化信息建模语言,它不是一种程序设计语言,不能在软件中直接实现。所以开发支持IFC标准的应用软件需要首先建立IFC标准中数据类型和实体等到程序设计语言中的数据和类型等之间的映射,即实现对IFC中性文件的解析和存储,然后才能够实现对IFC数据的访问。

(2)基于IFC实体的信息资源管理技术

本研究通过系统地比较关系数据库和面向对象数据库,确定利用面向对象数据库存储管理基于IFC实体的信息资源。在此基础上通过分析信息资源项与IFC实体的映射关系,分析了提取IFC数据形成信息资源的流程并对其进行了实现,实现了对信息资源的管理。

2.创新点

本系统的创新点如下:

①通过系统地分析施工企业决策环节中所利用的信息,利用专家研讨会和典型用户确认对其可再利用度进行评价和确认,首次识别了主要信息资源,为信息资源利用奠定基础。国外虽然也已开始了通过利用调研、访谈、专家研讨等方式确认局部信息的研究,但系统地识别确认信息资源的研究还未见报。

②系统地通过面向对象方法扩展IFC标准全面表示信息资源,从而建立了基于IFC标准的信息资源模型,为分析利用标准化的信息资源奠定基础。国内外虽有部分研究针对进度和成本管理对IFC标准进行了扩展,但系统地利用IFC标准表示建筑工程主要管理所涉及的信息资源的研究还未见报。

③综合比较了利用系统数据库与面向对象数据库管理IFC数据的不同,并确立了利用面向对象数据库管理IFC数据的方法,为进一步深化和利用IFC标准奠定基础。国外虽有部分研究利用关系数据库管理IFC数据,但系统地分析如何利用面向对象数据库管理IFC数据还未见报。

④综合应用面向对象数据库技术、BIM 技术和 IFC 标准,研制了基于 BIM 技术的施工企业信息资源利用原型系统 InfoReuse,为施工企业管理人员提供了信息资源管理和利用的解决方案。国内外目前还没有专门的系统。

(四)实施应用情况

本系统在福建省工业设备安装有限公司进行了示范应用。福建省工业设备安装有限公司 1958 年创建于福州市,隶属于福建建工集团总公司,施工产值超过 15 亿元。在福建省同行业中名列前茅,在全国同行业中居领先地位。该企业较早地开始使用 ERP 系统,积累了大量的信息,为本系统的应用提供了必要条件。

在应用过程中,主要提取福建安装 ERP 测试系统中的项目信息、供应方信息、材料信息、WBS 项信息、成本项信息、项目成本记录、材料采购记录、企业成本记录等信息资源,共涉及 21 个项目,对其进行利用和分析,使得系统的主要功能模块进行了实际运行,较好地实现了系统的示范应用。结果表明,本系统为施工企业利用信息资源提供了参考,并为施工企业提供了有力的工具,企业无须专业咨询即可直接利用本系统。利用本系统,用户可较方便地增加分析模型或对原有模型进行调整,不像利用 BIM 软件需要通过编程来进行实现,用于辅助决策时较为方便;本系统与通用的 BIM 软件相比更易被一般管理人员理解和应用,并可方便地将信息资源导入到其他工具软件中进行更深入的分析。

第八章 建筑发展的评价标准

第一节 建筑发展的评价技术

一、绿色建筑基本概念

据统计,人类社会每天消耗资源的速度大约是资源自然再生速度的1.5倍,严重威胁到地球生态系统的可持续发展。如果这种趋势延续下去,在2030年将需要两个地球来满足我们每年的需求,生态的不可持续性已经成为必须引起人类关注的课题。在这种趋势的背后是人口60多年来的快速增长,从20世纪50年代的25亿激增到目前的70亿。如果简单地将消耗的资源变成废物、有毒物质和二氧化碳等排放到大气、水体和土壤当中,地球上有限的不可再生资源将很快消耗殆尽,气候环境将进一步恶化。

我国与建筑业相关的资源消耗占全国资源使用总量的40%~50%,能源消耗约占全国能源用量的30%,其中仅中国香港特别行政区的建筑用电量就占到其区域用电总量的92.7%。在建筑物的完整生命周期内,其设计、施工、调试、维护、使用和拆除的过程需要消耗大量的资源,并且对社会、经济和自然环境产生重大影响。建筑物一方面为人们提供居住、商业、教育和娱乐等室内环境,直接或者间接地影响区域性和全球性的经济文化发展;另一方面向环境排放废物,污染以及温室气体等有毒有害物质。工业化社会带来的能源危机和日益严重的环境问题促进了人们对节能环保型建筑的需求。一系列建筑理念,如低能耗建筑,零能耗建筑、可持续建筑、生态建筑和绿色建筑陆续被设计师、工程师,专家学者们提出。

绿色建筑的概念起源于20世纪60年代的美国,由著名建筑师保罗·索勒瑞提出的"生态建筑"理念衍生而来。紧接着,70年代的石油危机加速了可再生能源等新技术在建筑领域的应用,节能建筑概念逐渐成为潮流。

80年代,世界自然保护组织和联合国环境署公告确立了"可持续发展"的理念。90年代,英国、美国、中国香港特别行政区和中国台湾地区先后诞生了自己的绿色建筑评估标准。2001年日本开发了相对独立的绿色建筑评估体系。2006年,我国第一部全国性绿色建筑标准出版并于两年后开始正式施行。短短50年间,绿色建筑的理念已经覆盖全球主要国家和地区。

绿色建筑的概念绝不仅仅是一般意义上的绿化,也不止步于强调低能耗或者零能耗。生态建筑所倡导的生态平衡和生态系统多样性也只是绿色建筑涵盖的一个层面。真正意义上的绿色建筑是解决地球上日益严峻环境问题挑战的一种方式,旨在保证人们在健康、舒适和高效的人工环境基础上最大限度节约资源和保护环境生态系统,以达到人与自然的和谐共生及可持续发展的目标。绿色建筑也是一种综合性理念,要求设计者、施工者、使用者和维护管理人员等在整个建筑生命周期内考虑节约能源、材料和水资源,减少环境污染(包括尘、声、水、有害物质和光污染等),恢复生态系统多样性,提供便捷的交通和设施,健康舒适的室内环境,以及良好的视听效果等。近年来,不断有研究指出绿色建筑在考虑以上因素之外,还应该重视其对社会经济、文化和艺术等方面的影响,以便因地制宜地推进绿色建筑的产业化和市场化。

目前,绿色建筑在我国政府和相关规范推动下迅速发展,但是也面临着一些问题和误区。例如,很多绿色建筑技术在实际运行使用阶段并没有达到其设计工况和效率,存在监管监控不到位现象;既有建筑的改造缺乏相关绿色建筑标准支持;绿色建筑设计中盲目堆砌高成本技术,不重视因地制宜的指导方针等。随着绿色建筑的产业化和系统化以及科学技术的革新,绿色建筑的成本必将逐年降低,绿色建筑的发展尚有广阔的空间。

二、绿色建筑评价标准和技术

鉴于绿色建筑的概念和内涵牵涉多个领域,需要建筑设计,景观设计、结构工程,水电暖工程物业管理、开发商和使用者之间的广泛密切合作,共同参与和完成设计、建造、维护、使用和拆除等各个阶段的目标。这种多层次的跨界合作,需要一个统一的指导原则来凝聚各方朝着一个明确的共同的目标结果努力。这种指引就是绿色建筑的评估标准,是现在绿色建筑体系迫切需要的科学方法,也是绿色建筑进一步实现产业化的前提条件。目前,发达国家绿色建筑市场已经趋于成熟,美因的绿色建筑评估体系已经覆盖全球近 70 个国家和地区,参与评估的商业建筑项目达到近75000 个,而我国绿色建筑尚处于起步和发展阶段,绿色建筑标准体系和评估细则有待完善。

传统的建筑设计疏于考虑场地、资源、室内环境和功能之间的相互影响。绿色建筑通过整体性设计方法,充分发挥各方面因素之间的协同作用。绿色建筑评价体系鼓励建筑项目团队在设计阶段早期就制订明确清晰的框架,以便整合场地规划、建筑设计营造以及运行维护等诸方面的策略。例如,可在早期确定项目中使用各种能源和材料的比例,明确不同选择对室内环境和功能的影响,以达到节约和循环利用资源的相关指标。采用最符合绿色建筑理念的设计。

当前社会上各种所谓绿色环保建筑比比皆是,如何较为客观公正地判断其内涵,保证建筑质量和真正做到对使用者和环境负责,评估体系也为解决这一问题提供了有效的管理机制。通过独立的第三方机构的考核,对建筑的不同表现给予明确的分级别的质量认证。

绿色建筑评估体系通常包含:针对不同种类建筑的评价标准,对每种建筑各方面指标的专业背景知识介绍(包括各种技术对资源、环境和人类社会的影响),实现途径和方法,以及最终量化该建筑综合表现的参数体系(通常采用评分和等级制)。该指标体系不但可以吸引和培养专业人才,为绿色建筑市场推广打下坚实的基础,还可以对公众起到科普教育作用,提高社会整体的环境生态意识。

世界上主要的绿色建筑标准包括英国的 BREEAM、美国的 LEED、日本的 CASBEE、澳大利业的 Green Star、德国的 DGNB、新加坡的 Green Mark、中国香港特别行政区的 BEAM、中国内地的绿色建筑评价标准)等。每个国家或地区的标准都在互相借鉴的基础上充分考虑了本国家或地区的特点和适用性。我国绿色建筑标准的制定应遵循可持续发展原则,通过科学的整体设计,集成场地绿化、自然通风采光、高性能围护结构、高效暖通空调系统,可再生能源应用、环保材料和智能控制等高新技术,充分优化资源配置和管理效率,创造经济、生态和社会效益多方面结合的新型人工环境。[①]

----

①张镖. 绿色建筑评价技术与方法[J]. 建筑技术开发,2021,48(8):161-162.

绿色建筑评估体系主要包含了以下方面的指标:绿化指标,生态文化指标,水资源指标(包括水质监测、节约回收利用、场地排水等),能耗指标(包括建筑运行能耗、生命周期能耗等),场地选择指标(包括交通、周边设施、土地性质等),场地排放指标(包括光污染、温室气体以及施工的尘土、噪声和污水排放等),微气候环境指标(包括场地周边风环境和日照采光的优化设计等),材料指标(包括垃圾处理、建筑废料处理、原材料选择加工等),室内环境指标(包括安全、健康、热舒适度和视听效果等),管理指标(系统运行调试,楼宇日常维护和物业管理人员培训等),创新设计指标(主要包括新技术和显著超过资源环境效益相应标准要求的应用)。

(一)绿化指标

绿化指标作为绿色建筑基本要求之一是指利用建筑场地,建筑物外墙、屋顶、阳台等各种表面以及室内空间覆以土壤来种植不同高度。外观和适应本地环境的低维护成本植物,起到调节温湿度、室外风环境,减少地表径流、吸附有害气体和降低噪声等功效。

植被是天然的温湿度调节器,吸收蓄积的降水量以蒸腾作用的形式重新散发到大气当中,可在较为干燥的天气下增加空气湿度。与此同时,蒸发带走的热量和乔木灌木类植物的遮阳效果,可有效降低地表附近的温度。缓解以钢筋混凝土为主的建筑和铺地表面引发的城市热岛效应。场地周围或者建筑周围的树木布置,可以在一定程度引导风向。树木相对建筑物的距离、数量、高矮和排列可以有效改变建筑物附近的风场,以便充分利用自然通风或者减弱场地内过高风速对室外活动的负面影响。此外,植物的光合作用可以制造氧气并吸收二氧化碳,减轻大气温室效应,许多植物还可以吸收来自工业或者交通运输过程中排放的二氧化硫、氮氧化物和一氧化碳等有毒有害气体。以叶面粗糙、面积大和树冠茂密的树木为主的种植林带还可以有效减弱和阻隔交通噪声对建筑室内环境的负面影响。

绿化设计应以合理配置、便于维护和保护生物多样性为原则。鼓励采用本地物种或者适应物种,可以依靠植物本身耐候性减少日常维护的用水量和人工费用。室外绿化结构以乔、灌、草相结合,实现多层次错落有致的景观,以达到人工植物群落与自然生态系统和谐统一。室内绿化应充分考虑日照、通风、采光、除虫和灌溉等方面的要求。绿化配置应合理利用项目场地地面,建筑物的屋顶、阳台、立面、平台和室内闲置空间。位于建筑屋顶的植被可以降低热岛效应,减少顶层空调房间的负荷,实现雨水回收利用;位于建筑立面和阳台的植被可以有效减少噪声,吸收有害物质,减少通过建筑墙体的传热;位于场地周边和空地上的植被可以提高雨水渗透量,降低地表径流,防止水土流失,降低交通噪声和污染的影响;布置于室内的植被有益于降低日间二氧化碳浓度。提高人们的工作效率并起到赏心悦目,消除视觉疲劳的效果。

屋顶花园的种植可以考虑不同种类植物和水体,因此对屋顶结构的承重能力要求较高,在人造土壤厚20em～50em的情况下每平方米载荷为2N～3N。德国是近代最早研究和实践屋顶绿化的国家,早在2003年屋顶绿化率已经达到14%,首都柏林有近45万 m² 的植被化屋顶。

垂直绿化(或者墙体绿化)是指充分利用不同的立面,选择攀缘植物(或其他植物)依附或者铺贴于建筑物或者其他空间结构上的栽植方式。垂直绿化的植物选择必须考虑不同习性植物对环境条件的要求、观赏效果和功能,创造适应其生长的条件。室内绿化利用植物与其他构件以立体的方式装饰空间,室内绿化常用方式是悬挂,运用花搁架、盆栽以及室内植物墙等。室内绿化的实施应严格选择适应性物种,最小化能源和水资源的消耗,减少杀虫剂的使用,确保植物的健康生长。

(二)生态文化指标

恢复生物栖息地和保护历史文化也是绿色建筑的重要评估标准之一。栖息地的恢复包括土壤、植被和生物种类恢复,旨在保护自然生态系统;历史文化的保护包括对有古迹价值的文物、建筑和遗迹采取隔离防护措施,尽量降低损害,保证历史文化的传承。

栖息地的恢复是一种重要的减少人类社会发展对自然环境和濒危物种影响的方式。自然环境不仅对于这一代人,对子孙后代更是宝贵的财富。在恢复栖息地的过程中,要充分考虑其生物种类的复杂性,重建生态系统所需时间和努力以及各种不确定因素,这是生态价值被纳入绿色建筑评估体系的主要原因。伴随着中国城市化的进一步发展,交通和建筑用地不断侵蚀自然景观和野生动植物的生态群落。因此,在建筑规划选址阶段应对潜在的场地进行综合生态价值评估,仔细考察其现有物种和植被状态,鼓励在已经开发过的或者污染过的低生态价值的土地上营造建筑。如果必须选择未开发过的土地,一定要按照生态价值评估结果,尽最大努力减少建筑工程对周边生态系统的影响,并且在建筑场地内通过绿化等手段恢复或保留原系统的多样性。

中国是有着五千多年历史的文明古国,历史建筑和文化遗产是极其宝贵的人文社会资源。有关历史古迹的定义和范畴应参考各国各地区对考古、宗教。历史遗迹等的相应法规。文化遗产通常包括考古遗址、历史建筑、古生物学遗址和其他各种形式的文化遗产(如老街道、石灰窑、陵墓等)。文化遗产是了解历史的重要途径和方法,有助于人们建立对所在地区和国家的归属感。建筑项目的选址应尽量避免位于文物古迹附近,如果需要在该地区发展,务必采取措施保护场地内和邻近的古迹以实现文化传承的连续性。中国香港特别行政区文物地理资讯系统网站界面,该平台可以通过链接电子地图定位全港超过450处历史建筑和考古遗址并显示其与建筑开发项目的相对距离。

(三)水资源指标

水资源指标主要衡量场地排水、水资源的回收利用、节约用水和水质保证等方面的技术及应用。场地排水旨在评估场地的蓄水能力,采取多种措施减少市政排水管网负担,水资源的回收利用包括雨水回收、中水污水处理和循环利用等技术,节约用水主要依靠节水器具的推广应用,水质保证重点强调市政供水的净化处理和质量监控。

传统的场地开发方式通过采用非透水性地面压结土壤,造成植被和自然排水渠道的损失,从而扰乱了自然界的水循环,长此以往必将破坏水系统平衡。典型的场地雨水管理方式是通过人工下水管网集中排放收集到的雨水,虽然可以通过增加下水管道容量减少洪涝灾害的可能性,却也从某种程度上延长了地表径流的持续时间并且侵蚀了水道,对生态系统产生其他负面影响。采用渗水地砖、镂空地砖或者增加绿化面积等模仿自然水文的绿色基建方式有利于雨水渗透,减少地表径流,可有效控制洪涝灾害和减少市政地下水管网压力。此外,蓄积在土壤和渗水材料中的雨水通过蒸发作用有助于缓解城市热岛效应。

回收利用中水不仅可以减少市政用水,还能够保证供水连续性。如经过适当处理,几乎全部的建筑用水可以得到有效回收利用。所谓中水回收系统,是指回收盥洗、沐浴用水和空调冷凝水等经过处理后,重新用于灌溉、清洁和冲厕等用途。回收用水的质量必须根据相关标准严格保障,同时应根据建筑用水模式进行用水量平衡计算。雨水回收利用对于降水量丰富的地区也是一种有效地提高水资源利用效率的方式,有效雨水收集面积和水缸体积都要经过严格的设计与核算,尤其对于高层住宅,雨水水缸的负荷要结合结构设计一起考虑。与中水类似,收集的雨水也要经过沉降、过滤和消毒等一系列程序与主供水缸混合后共同承担冲厕、灌溉和空调循环水的供给。雨水回收系统设计图,通常应包含收集系统(屋面、斜坡等),输送管道,用水集水箱,沉降、过滤和消毒杀菌设备,以及混合水缸等。此外,其他非传统水源(如海水)也可作为沿海城市的冲厕用水,该系统的水管须具有达标的防腐蚀性能,设计合理的回收水系统可以配合市政供水系统实现连续高效的水资源利用。

节水器具和节水技术的应用主要体现在直饮水、生活杂用水(洗漱、沐浴、洗衣、厨房和冲厕用水等)、灌溉用水等方面。直饮水和生活杂用水的节水主要依靠采用符合一定供水压力下流量限制的节水器具,如节水水龙头、淋浴花洒、小便器、大便器和洗衣机等。灌溉节水主要依靠喷灌、滴灌等技术取代传统的漫灌和人工喷淋。其上中结合气候感应器(包括温湿度、降水量、太阳辐射等)的自动滴灌技术较传统漫灌方式可以节约绿化用水 70% 以上。节水率是衡量节水器具效果的重要指标,其计算要根据水量平衡,在估算出建筑总用水量的基础上。根据各种水资源间的相互关系,核算给排水和回收水量,从而进行合理的安排配置。中国香港特别行政区水务署正在实施的"用水效益标签计划"是一项有代表性的节水器具推广措施。凡参加计划的产品将贴上用水效益标签,向用户说明其耗水量及用水效益以供参考选择。目前,该计划已经涵盖淋浴花洒、水龙头、洗衣机、小便器和节流器,并且向各类用水装置开放登记注册。

水质保证是水资源评估准则的一个重要考察点,包括饮用水、生活用水的水质监测。虽然目前自来水供水厂的处理技术已经可以达到直饮水的要求,但传输管道的维护问题仍然可能影响用户端的水质。各地区水务机构都有类似的规定以保障用户端的水质,如中国香港特别行政区水务署的"大厦优质食水认可计划"于 2002 年开始施行,认证成功的建筑物能够保证内部管路的优质维护和用水端的水质达标。供水管网的管材和管件也有相应的标准,根据管路的不同安装方式还有各种附加要求。水质样本监测是保证水质的主要手段,监控的日程表、程序和技术应遵循各地法规,并且以高效的有统计学代表性的方式进行。

(四)能耗指标

正如本书开篇介绍的那样,建筑能耗约占全国总能耗的30%,在香港特别行政区该比率更是高达60%,因此,建筑节能是保护资源减少环境负荷和缔造可持续发展城市的重要途径。世界上主要国家都有自己相应的节能法规,比如我国的《公共建筑节能设计标准》,美国的ASHRAE等,这些法规被绿色建筑能耗评估条文用于建立各自的参照标准。

目前的绿色建筑标准针对能耗的评估主要采取建筑综合模拟和描述性节能措施两种路线。建筑综合能耗模拟依靠计算机软件对现有建筑结构和系统建模,包括建筑外形、围护结构、内部空间布局、暖通空调系统照明系统、生活热水系统、通风系统以及其他辅助设备(电梯和水泵等)。常用模拟软件有eQUEST、ESP-r、EnergyPlus、IES-VE、ECOTECT、DeST等,均能够实现动态实时仿真计算并提供全年能耗和峰值能耗以用于进一步节能比较分析。

IES-VE平台可以模拟建筑群内部的相互遮挡以及周边建筑的影响,提高冷热负荷的计算精度。当前的主流模拟软件都具有较为友好的使用界面和经过理论实验论证的计算精确性,是广泛应用的节能评价工具。与建筑综合能耗模拟相对应的方式是描述性规范方法。顾名思义,该评估方法要求建筑设计和系统选用满足现有节能技术的效率或者设计参数,而每项应用技术的节能效果都经过实践检验。实施该方法不需要特别全面的知识系统和专业训练,只要建筑和系统设计满足每项技术的描述性规定,就可以代替较为复杂的模拟计算而获得相应的分数。但是,此方法缺乏对不同技术间相互作用的分析,有可能导致实际系统整体节能效果下降。目前的主要绿色建筑标准当中,LEED并不鼓励采取描述性路线,其评分系统会授予采取综合能耗模拟路线的项目更高的得分,而我国香港特别行政区的BEAM对两种方式赋予基本相同的得分空间。相比之下我国最新的《绿色建筑评价标准》GB/T50378-2014中去掉了有关综合建筑能耗模拟的评估方法。

传统的建筑节能技术可以分为被动式节能技术和主动式节能技术两类。被动式节能技术特指不需要依靠外部动力和功耗的跟建筑规划设计或者结构本身相结合的应用。常见的被动式节能技术包括以下几个方面:

第一，建筑规划布局：因应周边建筑群设计建筑自身朝向、建筑形体等宏观参数，优化自然通风和采光设计，以减少辐射的热量。

第二，建筑结构物理：提高非透光围护结构的传热、蓄热性能和控制透光玻璃结构的遮阳系数以减少辐射、传导和对流的传热量，降低峰值冷热负荷。

第三，建筑几何结构：改变窗墙面积比、窗地面积比和遮阳板尺寸等设计参数以便调节室内冷热负荷，提高自然通风和自然采光效率。

第四，建筑渗透换气系数和气密性：提高建筑门窗气密性可以降低室内空调区域的冷热损失。

与被动式节能技术相反，主动式节能技术通常需要额外的能耗输入，包括提高空调、热水、通风、照明和其他机电设备的运行效率。传统的主动式节能技术包括：

第一，使用冷水机组代替风冷式机组，采用高效压缩机（如数码涡旋压缩机、变频压缩机和无润滑油压缩机等）、换热器等提高机组的制冷/制热系数（EER/COP）。

第二，采用T5或者LED光管代替传统T8荧光灯，利用光感或者声感元件实现照明系统随室内光照水平和实际使用情况的自动控制。

第三，提高空调通风输送系统效率，采用变风量系统或者变频风机、水泵等。

第四，采用高效气流组织形式：如分层空调、局部制冷、置换通风等。

第五，采用新型空调系统末端装置：如顶板辐射制冷、地暖系统等。

第六，采用高效节能的设备：选用符合节能能效标准的设备（如单元式空调器、热水器、洗衣机、冰箱等）。

鉴于传统能源的日益贵乏，开发可再生能源（包括太阳能、风能、地热能、海洋能等）不仅可以缓解日趋严峻的能源供需矛盾，还有利于低碳城市和经济的发展。近年来，可再生能源在建筑节能方面的应用潜力被不断发掘，能够与建筑相结合的可再生能源系统主要有以下几类：

第一，太阳能光伏系统：包括建筑附加光伏系统（特指附加在建筑表面结构之外的系统）和建筑一体化光伏系统（特指与建筑围护结构形成整体的系统）。光伏应用通常分为孤立系统和并网系统：孤立系统需要较高成本的储能设备，多用于偏远地区；而并网系统是电网覆盖地区较为常用的系统设计方式。

第二,太阳能光热系统:利用集热器吸收太阳辐射能用于生活热水或者供暖的系统,可安装于建筑屋顶和用户阳台,与蓄热系统相结合可以提高系统太阳能利用率及稳定性。

第三,太阳能光伏光热一体化系统:又称PV/T系统,是利用流体降低光伏板表面温度,同时将升温的流体用作供暖或者生活热水。

第四,太阳能制冷系统:利用太阳能驱动吸收式或者吸附式制冷系统,可提供较高温度的冷源,多与其他空调技术配合共同承担建筑冷负荷。

第五,太阳能除湿系统:适用于空气湿度和潜热负荷较大的亚热带热带气候,利用太阳能加热再生除湿溶液。

第六,风力发电系统:指可以安装于建筑顶部或者花园平台的小型风力发电机,可以分为垂直型和水平型两种,其中垂直型更适用于风速较小的情况。

第七,水力发电系统:指利用建筑给水系统的剩余压头或者排水势能驱动小型水轮发电机的技术。

第八,地源热泵系统:指利用水平或者垂直地埋管作为热泵机组的热源(制热工况下)或者热汇(制冷工况下)的装置。土壤与空气相比,全年温度较为恒定、蓄热性能较好,为热泵蒸发/冷凝器提供了良好的换热条件,当土壤本身不足以容纳或者提供热泵系统排出或吸收的热量时,还可以与太阳能集热器或者冷却塔耦合形成更为高效的混合系统。

第九,热回收系统:虽然不符合传统的可再生能源系统定义,但该系统通过排风与新风之间的热量、质量交换(通过转轮等),有效节约新风预处理能耗,是一种能源循环利用技术,故而在本书将其与其他典型可再生能源技术一起讨论。

可再生能源系统能够在被动式节能技术基础之上进一步降低建筑冷热负荷,抵消部分或者全部建筑设备能耗,有助于实现低能耗甚至接近零能耗建筑。可再生能源系统的选择和设计要因地制宜,仔细考察建筑场地和周边的气候环境,适当地组合不同种类的技术以助于实现产能最大化。部分可再生能源系统由于其来源本身的不稳定性(如风能、太阳能随天气的变化),通常与其他系统联合使用。风光互补混合发电系统将风力发电系统、光伏系统与储能系统并联,可以在一种资源不足时采用另一种资源或者储备能源。应用太阳能和风力发电技术时应首要考虑当地的可利用资源,如在遮挡较为严重或者风力资源较匮乏的地方安装系统则得不偿失。虽然土壤是较为理想的热源/热汇,但长期的吸热/放热不平衡也会导致地区土壤温度的升高或者下降,影响系统的运行效率和土壤圈的生态系统。如果在冬季供暖期使用太阳能集热器作为辅助热源,非供暖季节利用太阳能加热生活用水或者回灌土壤蓄热,就可在提高热泵效率的同时降低土壤的积累温度变化。

在高密度城市如上海、香港等地,可再生能源的应用受到建筑密度、可用安装面积和人工成本等因素限制,但是从可持续发展的长远战略高度出发,绿色建筑评估标准仍应坚持鼓励该类技术应用。例如,近年来在高层建筑中出现利用光伏幕墙代替普通玻璃幕墙的技术,可在保证部分可见光透过的前提下减少室内负荷并且联网发电。

(五)场地选择指标

场地选择指标包含场地周边交通,设施和土地性质三个层面:鼓励选址于临近公共交通的枢纽地区,以倡导低碳出行;鼓励选址于周边各类设施齐全的地带,以提高室内人员的生活和工作效率;鼓励选址于已发展过的土地,以减少对自然生态系统的侵蚀。

数量不断增加的私家车不仅恶化交通拥堵现状,而且严重污染大气环境。目前使用中的机动车辆仍以化石能源为主,大量排放的尾气经过高楼林立的城市街道峡谷效应不断聚集,造成了当前最棘手的交通污染问题。车辆尾气所含的挥发性污染物不但含有致癌物质,更能够加速光化学烟雾的生成。废气中的一氧化碳、氮氧化物和二氧化硫等有害气体也严重危害环境和人类健康。除空气污染外,交通噪声也是不容忽视的环境问题,解决交通污染问题的有效方法之一是减少道路上私家车和出租车的数量,鼓励建筑物用户使用临近的公共交通工具。因此,绿色建筑的场地规划应考虑与交通站点的相对位置,通常要求该站点位于场地主要出入口的指定步行距离内,并且应能够在不同时间段内都可以提供一定频率的车次,以减少建筑物用户对私人交通工具的依赖。相应地规划指标还应要求停车场规模适度、布局合理、符合用户出行习惯,按照国家和地方有关标准适度设置,并且科学管理。合理组织交通流线,保证不对人行道、活动场所产生干扰。例如,美国的绿色建筑标准(LEED)相关指标要求建筑除提供法律规定的最小车位数量之外不预留其他私家车车位,或者提供一定比例的绿色低碳车型包括电动车、混合燃料机动车等的优先车位。交通需求管理策略也是减少道路机动车辆的有效途径,如提供拼车的优先车位等。值得特别注意的是,自行车是一种极为低碳和健康的出行工具,其每千米碳排放较普通机动车可减少约280g,同时可增强体质,甚至在一定程度上提高人类平均寿命。绿色建筑设计应考虑提供自行车的停放空间、配套室内洗浴设施以及确保周边一定距离内可顺利连接到自行车专用的道路网络(所谓自行车道路网络,指包括单车以及各种低速行驶道路,将居住、工作和其他地点连接为一体的公共交通枢纽)。

在建筑附近提供基本生活设施(如教育、医药、金融、邮政、购物、餐饮等)可有效提高用户的生活质量和工作效率。娱乐设施和休闲空间对用户的身心健康和工作生活方式的可持续性起到重要的作用。娱乐休闲空间既包括动态设施(如球场、泳池等),也包括静态设施(如空中花园、公园和休憩空间等)。相关绿色建筑指标通常要求规划中的周边设施在建筑开始使用前完工,而且对设施种类的多样性和相对建筑的距离都有严格的规定。此项目的评估鼓励建筑规划选址于高密度、较成熟的发展区域,进一步减少远程交通工具的使用。

生态敏感地带是自然环境和人类社会不可或缺的一部分:农业用地可以有效利用降水生产食物;冲积平原富含营养,是潜在的农耕地和动植物群落栖息地;濒危物种栖息地对生物多样性影响深远;湿地和自然水体是洪涝灾害的缓冲地带以及碳回收和水循环的核心环节。建筑发展应该避免选择以上所述生态敏感地带,以避免侵害自然环境,造成人身财产损失。例如,在冲积平原上发展建筑,可能受到洪水泛滥和海平面升高的影响,同时减少粮食的产量。因此,绿色建筑提倡选择已开发过的场地,尽量利用已有的基础设施和周边有利条件。如果不得不选择未开发过的土地,要严格遵守相关规定最小化对生态系统的不良影响。在规定生态敏感地带的同时,绿色建筑标准也定义了鼓励发展的场地,如低收入地区(经济萧条导致的空置区域)和历史发展区域(周边地区有着悠久的发展历史,较为成熟的社区)和污染过的土地(需要进行土壤质量恢复工作,保证不影响人类健康居住)。

（六）场地排放指标

场地排放指标用于限制建筑物施工和运行过程中对周边环境和大气层造成的负面影响：包括光污染、噪声污染、水污染、臭氧层破坏和温室气体排放等。

1.施工过程的场地排放

建筑施工中不恰当的排放行为可能造成对水环境的污染。挖掘或者钻孔工程产生的泥浆，清洗车轮等压制扬尘措施产生的废物，以及工人食堂和厕所的排放物等都是潜在的污染源。未经处理的施工废水含有大量淤泥和沙石，有可能堵塞下水管道和污染周边自然水体。因此，承建商在施工开始前应获得有关部门的污水排放许可，并且安装现场的污水沉降、分离和净化处理设施，使得排入下水管网的废水达到相应标准。

噪声污染也是施工期间值得注意的问题：施工现场进出的车辆，大型的挖掘、搅拌、打桩和钻井机器等都是潜在的噪声污染源。绿色建筑标准要求在周围敏感建筑前设置规定数量的监测点，通过定时监测判断是否满足该地区环境噪声水平规定。如果超过规定上限，应采取合理措施降低噪声。常见的措施有：液压打桩锤、液压破碎机、线锯切割混凝土、用于手持式破碎机和发电机的隔声罩，用于大型设备的噪声屏障，以及其他临时性噪声阻隔措施等。

施工扬尘污染是空气中悬浮颗粒来源之一，不但能引起呼吸疾病，还会降低能见度污染室外空气。场地排放控制要求定时定点监测场地周边的空气质量（包括温湿度、悬浮颗粒等参数）。如超过规定上限，应采取以下措施减少空气污染：利用水喷雾湿润裸露土壤；覆盖现有颗粒物材料防止扬尘；冲洗离开场地车辆轮胎；工程结束后所有裸露地面迅速做喷草处理（在地面上开挖横沟后迅速喷撒草籽）等。

2.运行期间的场地排放

室外人工照明不仅可以保证建筑用户的安全和舒适度，还能够提高生产效率和延长使用时间。合理的室外人工照明设计是提高安全保障，建筑识别，美观视觉效果和导航功能的前提，而较差的室外人工照明设计会对周边建筑用户和自然环境造成光污染。光污染是指溢出场地之外的多余光线的一系列负面影响：如产生天空辉光和眩光、影响夜间自然生态、侵扰周围室内人员等。某些野生动物习惯夜间捕食，植物依靠昼夜长短变化调节新陈代谢,迁徙中的候鸟依靠星星的亮光导航,它们都会被过度的室外人工照明误导,甚至伤害,人类自身的生活习惯和健康也会受到影响。好的室外人工照明设计需要结合本地区的相应标准(如英国的CIBSE和美国的IES/IDA等),限制影响周围环境和生物的光照水平。目前的光污染评估主要依靠模拟计算,DLALux是一款常用的室内、室外、街道和隧道照明的精确计算软件。

建筑运行期间的空调系统和保温材料的气体排放是另一个影响大气环境的因素。《蒙特利尔条约》规定了含氯和溴的制冷剂、溶剂、发泡剂、气溶胶推进剂和灭火剂等受控物质的淘汰时间表。各国家或地区相应法规也对每种材料的使用做出了详细的规定和限制。制冷剂作为建筑空调系统广泛采用的工质,除具有良好的工程热力学性能外,还应该满足无毒性、不可燃、稳定性、经济性、润滑性和材料兼容性等方面的要求。实际应用中并不存在理想的制冷剂,其化学成分中氟、氯,溴等元素的含量决定了其臭氧消耗潜能值(ODP)和温室效应潜能值(GWP)。目前,CFC和HCFC基于其高ODP值,已经在淘汰过程中,而HFC类制冷剂需要通过ODP和GWP综合计算来评估其性能优劣。

冷却塔、空调室外机组和通风系统排风口在建筑运行期间产生的噪声可能会影响到临近的其他建筑使用者或者自然生态群落。在建筑设计和设备选型阶段,要对其在一定距离内的噪声影响进行预评估计算,以保证周边用户的室内噪声环境达到相关标准。

(七)微气候环境指标

微气候环境指标主要考察建筑规划布局与场地周边既有建筑群落相互影响下的风环境和日照条件。风环境指建筑项目施工前后地面行人高度水平上(1.5m~2m)风向、风速的水平和分布,而日照条件包含周围建筑和项目建筑的相互遮挡以及对辐射传热和自然采光效果的影响。

受到限制的自然通风可能会影响建筑周边的微气候环境,造成污染物沉积、局部温度升高的流动停滞区域。另一方面,特殊地形、地势可能造成局部风速放大,威胁行人的安全并且降低室外活动的舒适感。根据建筑的形态差别,建筑物周边的风速可能较开阔地带增加2倍~3倍,尤以狭窄走廊处为甚。根据相关研究,当室外风速未超过5m/s时,过大风速出现的可能性较低,户外活动的人体感觉尚处于舒适范围。室外风环境模拟通常使用计算流体力学(CFD)软件,通过对一定区域内(按照香港特别行政区的规定,通常从场地边界算起到项目建筑群中最高建筑物2倍高度的距离内)的地形和建筑模型划分网格,规定边界条件、初始条件、收敛条件和离散法则,可以获得较为精确的行人高度平面上各点的瞬时风速和风向。

新建建筑与既有建筑群落之间互为遮挡,会影响各自的日照和采光效果。对于有自然采光要求的建筑,需要比较项目竣工前后模拟采光性能的变化。除采光要求之外,如新建建筑打算采用太阳能光伏光热系统,还需要研究其潜在安装表面在全年间各个时段的阴影(受遮挡)状况。此外,周围建筑的遮蔽效果可显著减小建筑的冷负荷,应在能耗模拟计算的有关指标中予以全面考虑。

(八)材料指标

建筑材料指标以材料资源的高效利用为宗旨,包含以下几个方面:施工材料的回收利用、原材料的选用和高效节材的设计。

1.施工材料的回收利用

根据美国环境保护局(US Environmental Protection Agency)统计,仅美国国内的纸张、食物、玻璃、金属、塑料等所有可回收材料占到了城市生活垃圾的69%。如果成功将这部分可回收材料从堆填区中转移出来重新利用,建筑开发商和用户可以节省相当可观的原材料和运输成本,建筑垃圾回收处理的前提是保障足够的垃圾回收储存空间,在建筑设计的早期就应该开始考虑材料回收利用设施的规划,应准确预计垃圾的产量并精心布置收集地点,设计使用方便的废物处理设施。这样才有助于建筑使用者养成垃圾回收的行为习惯和环保理念。根据各地法例规范,垃圾回收储存空间大小可按照建筑类型和面积计算而得。近年来,电子废物(e-waste)包括计算机、照相机、键盘等,其数量不断增加,逐渐成为固体废物的主要来源。所以,确定其储存空间大小、所需处理设备和运输工具是非常重要的。电池、荧光灯等电子废物较传统的纸张、金属、玻璃和塑料等废物对环境的负面影响更大。因此,材料相关指标要求建筑项目、团队设计和指定详细的废物管理规程,特别要规定电子废物等有害物质的回收处理方式。

施工废物是另一个主要的垃圾来源。美国环保局估计在2003年有1.7亿吨施工废物产生,而欧盟的统计是每年全部成员国的施工废物产量为5.1亿吨。回收施工废物可以大幅度减少水和土壤污染。与生活垃圾的管理类似,施工废物的管理也应该在施工开始之前制定好管理规程,确定最有效的回收策略、技术和运输、储存设备。通常施工废物处理策略包括源头减少和回收利用。从源头减少施工废物的策略包括一系列高效节材设计措施如预制构件、模块化设计等。做好垃圾分类也可以提高回收系统的效率。同样地,在设计阶段正式开始前制定好施工废物管理规程,有利于施工的计划、协调以及策略和相关协议的制定。做好项目设计团队、施工现场工人和废物运输人员的管理培训工作,保证管理规程高效实施,减少堆填区和焚烧炉的负担。贯彻施工废料管理规程,通过回收利用废料和买卖有价值的边角料等方式可有效降低成本实现更大投资回报率。

2.原材料的选用

原材料选用准则旨在鼓励采用经过生命周期分析的具有较高环境、经济和社会效益的产品和原料,鼓励从经过生命周期环境影响评估的制造商和企业采购建筑材料。生命周期评估是一种用于评估产品或者材料在开采、加工、使用、废弃、回收的完整循环周期中的环境影响。ISO 14040(ISO国际标准化组织)详细介绍了实行生命周期评估的原则框架和基本要求。

美国的绿色建筑评价标准提出了环保产品声明的概念:用一种标准化的方式证明该产品在开采、能耗、化学成分、产生废物以及对大气、土壤、水源的排放等方面的环境影响潜力。

香港特别行政区的绿色建筑材料指标提倡采用快速再生材料、可持续性林木产品、循环利用材料和区域制造材料。其中,快速再生材料指该材料或者资源的自我再生速度超过其传统开采速度从而减轻对自然生物、土壤和空气质量的影响。典型快速再生材料包括竹子、油毡、软木、速生杨木、松木等。使用快速再生材料可有效减少环境影响,提高经济效益。可持续性林木产品来源于经森林管理委员会或同等机构组织认证过的林地。该林地所采用的管理体系应严格遵守保护生物多样性和维持森林生态体系的原则。循环利用材料指废料或者工业副产品中的有效成分经过处理后作为原材料或者混凝土材料中的一部分重新用于建筑当中(可用于结构性或者非结构性材料)。煤粉灰混凝土是一种典型的含有循环利用成分的材料。区域制造材料不但减少了交通运输过程中的能耗和污染排放而且支持了本地产业经济发展,是建筑材料的首选之一。

3.高效节材的设计

常见的高效节约材料的设计有构件预制、模块化设计和灵活适应性设计等。

构件预制是把建筑的一部分在工厂中预先成形,运输到施工现场后可以迅速组装的营造方式,能够较大程度提高施工效率。与传统的现场搅拌制作工艺相比,工厂预制可以更好地控制生产流程和实现废料的高效处理。施工现场的噪声、扬尘、排水污染等问题也一并得到解决。内部磨光和定制金属工艺应当在工厂内完成并高度组装以限制现场所需喷涂和修整工作。在我国香港特别行政区,预制混凝土构件已经广泛应用于公共租住房屋的建造,包括预制卫生间,预制楼板、立面、楼梯间等。

模块化设计是基于标准化网格系统便于工厂加工和组装统一尺寸构件的技术。细节的标准化有助于实现最优的材料量化生产,并且通过简化设计和现场操作实现其品质和环境效益。标准化模块的尺寸形状要经过仔细设计,以最小化生产过程中边角料的浪费。

建筑的适应性指其满足实质性改变要求的能力,常用的适应性设计策略可以分为以下三个方面:空间布局和微量改变的灵活性;建筑内部空间使用方式的可变性;建筑面积和空间的可拓展性。适应性的设计还可以延长建筑的使用寿命、提高运行性能和空间利用效率并产生经济效益。建筑所有权,用途的变化以及常住人口增长等因素都可能产生改变和拓展已有建筑的需求,伴随大量固体废物的产生。灵活适应性设计给予建筑使用者改变建筑布局的空间,通过使用易于拆除的结构实现改建过程中资源消耗和环境影响的最小化。适应性设计的核心原则包括各个系统的独立性、系统的可升级性以及使用寿命内各个建筑组成部分的相容性。此外,建筑的设计也要考虑未来解体的需要。解体是一个系统的、有选择性的拆卸过程,从而生成能够用于建造和恢复其他建筑结构的合适材料。

(九)室内环境指标

现代社会人们在室内停留的时间远多于室外,我国香港特别行政区85%的人类活动都在室内进行,室内环境品质是绿色建筑标准评估的重点之一。建筑的设计、管理、运行和维护过程中都要求保持良好的室内环境,优化利用能源和其他资源。高质量的室内环境不但可以保证用户的健康和舒适,还可以创造高效安全的工作、居住和生产环境,从而提升建筑的综合价值。室内环境指标包括安全、卫生、空气品质、热舒适度、通风效果、自然采光、人工照明、声环境等几个主要方面。

1.安全

有安全保障的环境一直是建筑使用者关注的焦点之一,通常涵盖人身和财产两个方面。即使对于商业和教育等类型建筑,其公共厅堂、楼梯间、厕所等空间的安全问题也很重要。建筑及其室外景观的合理设计辅以充分的安全措施可以防范盗窃等犯罪现象。所需的安全措施取决于建筑的类型和安全等级。常用的安全措施包括:天然和人工屏障,保安及电子监控系统。硬件安全系统(监控录像、安全屏障等)和完善的管理通信系统(保安巡逻等)的结合可以提高保安的效率和质量。

2.卫生

建筑内部的疾病传播(如军团病、SARS等)是威胁使用者健康的一大隐患。生物污染容易通过给排水系统,冷却塔和垃圾储藏传播,因此定期的检查、维护和清洁是全面管理和保障楼宇卫生的必要途径。

自2003年的SARS病毒全面爆发以来,楼宇卫生越来越引起公众关注,有足够证据显示病毒的传播方式之一是通过排水系统。因此,绿色建筑标准应要求确保给排水系统的设计和维护,减少病毒细菌和异味传播的风险。所有的卫生器具的排水口(包括地漏)都应在连接至共同排水主管之前提供水封存水弯,保持存水弯的水封在高层建筑中是一个难点。空气穿过水封有以下两种情况:管路水压变化导致夹带气泡穿过水封,致使水封部分全部失效。保持水封主要通过人工补给和用户日常排水,如果水封失效被污染或者管路泄漏,病毒细菌将乘机进入室内。在给排水系统正常运行条件下需要保持一定高度的水封(如25mm)。自吸水型水封,如将盥洗盆排水管接入地漏排水管和水封之间可以省去人工补水工序,但该水封需要防止地漏水回流。

军团病在历史,上人类聚居区多次大规模爆发,该病原体不但存在于自然水体和土壤中,也可由建筑循环水体传播。对新建建筑中的空调、通风和水系统做定期监测和维护可以有效防止军团病一类的病原体扩散和传播。

建筑内的垃圾房储存者大量食物残渣和其他有机废物,如果没有良好的控制处理措施,散发的异味将威胁用户的健康,污染周边环境。装配有净化、过滤和除臭的通风系统可有效处理,垃圾房内的异味和有害气体。同时,也可以考虑在垃圾房安装厨余机,将有机废物变成二氧化碳、水以及可用于建筑场地内绿化区的肥料。

3.室内空气品质

室内空气质量(IAQ)在客观上是由一系列空气成分定义的指标。主观地讲,IAQ是人体感应到的空中的刺激性成分。美国暖通与空调工程师协会(ASHRAE)对可接受的室内空气品质的定义是:经权威组织鉴定,没有任何有害成分超标,同时绝大部分(不小于80%)暴露人群没有表示不满意的空气水准。决定适当空气质量标准的一个关键因素是室内人员的暴露时间。暴露于室内污染物时间长短,从几分钟(如停车场)到几小时(如娱乐场所)甚至全部工作时间(如办公室、教室等),以及人员的活动状态(静坐或者运动)决定了各种污染物的不同的允许上限。

室内污染物可能来自室外通风渗透,建筑围护结构、保温材料、室内装修材料、机电设备、小型电器和室内人员等各个方面。因此,建筑设计选择低放射环保材料和高气密性阻渗透的围护结构,室外新风入口应远离污染源防止新风排风短路,采用高效通风过滤系统稀释室内污染物浓度。

常见的来自室外的污染物有一氧化碳(CO)、二氧化氮(NO_2)、臭氧(O_2)、可吸入悬浮颗粒(RSP)如PM10等。一氧化碳是一种可以阻碍血液中氧气运输的气体,吸入不同浓度的一氧化碳可导致头痛、恶心和胸闷等不同级别的症状。氮氧化物可刺激呼吸道和眼睛,主要来自汽车尾气和不完全的燃烧过程。臭氧在大气层中可防护紫外线,但也会刺激眼睛和呼吸系统,除来自室外渗透,臭氧也可产生于室内利用紫外线电离空气的仪器如打印机等。可吸入悬浮颗粒PM10指空气动力学当量直径小于10um的悬浮颗粒,近年来引起国内广泛关注度的PM2.5较PM10直径更小,RSP引起的健康问题取决于颗粒的形状、大小和化学活性,主要来源于交通尾气排放、工业废气和建筑工地扬尘,室内RSP浓度是衡量空调过滤器效率的重要指标,相同用途的室内空间应至少选择一个代表作样本测试,以便验证过滤有效性。

主要来源于室内的污染物包括挥发性有机化合物(VOC)、甲醛(HCHO)和氢气(Rn)等。当室内处于无新风的循环通风的工况下,此类污染源的危害尤其显著。挥发性有机化合物包含上百种物质,可引起从轻微不适到眼睛刺痛、呼吸困难和头痛等不同程度的症状。虽然挥发性有机化合物也可能来自室外,但主要产生于室内装修材料、保温材料和杀虫剂、清洁剂等。甲醛因其在建筑材料、黏合剂、纺织物和地毯中的广泛存在,被当作一种单独测量的挥发性有机化合物指标。甲醛除刺激人体引起敏感症状外更是一种致癌物质。与RSP的测试方法类似,相近用途的室内空间应至少选择一个代表检验的甲醛样本。氧气是一种无色无味的放射性气体,人体在一定程度的暴露下有罹患肺癌的风险。大理石和花岗岩是氡气的主要来源,因此,选择建筑材料和表面覆盖应充分考虑其氡气放射率指标。

建筑施工过程中,在空调系统中残留的有害物质也是室内空气品质的一项隐患。施工过程中的严格管理,辅以完工后及时的清洁和替换工序,可以有效降低施工引起的空气污染。设计者应考虑采用空调系统保护、污染源和传播途径控制、加强清洁维护等措施。施工过程由于水管泄漏,冷凝水、降雨造成的潮湿表面容易滋生细菌,使用吸收性材料(如石膏制品,隔绝材料等)可最小化施工带来的负面影响。绿色建筑标准要求对施工期间的空气质量予以实时监控和报告。

建筑施工和室内装修工程结束,空调系统平衡测试和控制功能校验等步骤完成后,在用户正式入住之前,还应展开冲洗工序。冲洗可以利用现有空调系统,也可采用符合标准通风量和温湿度的临时系统(利用门窗作为临时通风口)。冲洗过程中需要防范气流短路,保证各个区域充分换气且气流均匀。如果使用现有的空调系统,内部的所有临时过滤器都应拆除,现有的过滤介质要及时更换。虽然室外空气随季节变化,但室内温湿度在冲洗过程中应保持在某一恒定的范围内。

4.热舒适度

大量的理论研究和实验数据表明建筑物内部的热环境可以直接影响使用者的满意程度和工作效率。通常,人们很容易将热舒适度与温度联系在一起,但是事实上,热舒适是六种主要因素(房间表面温度、空气温度、湿度、空气流动、人体新陈代谢和衣着)共同作用的结果。有效的热舒适度设计需要全面考虑以上因素,要求建筑设计师、工程师和使用者相互配合。更改六个要素中的任何一个都有可能在不改变舒适度的前提下减少能源消耗。例如,给予办公室职员灵活的着装要求可以在制冷季节设定更高的室内温度或者在供暖季节调低室内温度。如果给予使用者对室内环境一定程度的控制权,可以提高其舒适感和工作效率。国际室内环境与能源研究中心的多项研究显示:给予用户±3C°的室温控制可以提高工作效率2.7% ~ 7%。

　　热舒适度的评价指标主要有两个:PMV和PPD。PMV是通过让实验对象在环境可调的房间里对各自舒适程度给予7个等级的评分,+3分表示最热,–3分表示最冷,0分表示中立。在PMV评分的基础上,PPD表示在某一室内热环境条件下感到不舒适的用户的百分比。

　　此外,对于自然通风条件下的热舒适度ASHRAE55有一套基于实验测试的适用模型,是将室内可接受的设计温度范围与室外气候条件参数相结合的参考标准。该标准在实验条件下,基于人体热平衡模型结合主客观因素推导出可以为80%用户接受的室内热舒适条件。有关调查结果显示,空调房间内的用户对室内温度变化的可接受范围较小,倾向于更低更稳定的温度。与之相反,自然通风房间内的人员能够忍受更大范围的温度波动,其温度范围更加接近室外气候条件。有关用户行为适应性的调查证明,衣着或者室内空气流速的改变只占到自然通风条件下用户热偏好变化因素的一半,另一半来自生理因素。更高层次的感觉控制和更加丰富的自然通风建筑的使用经验可导致更加宽松的可接受温度范围。ASHRAE55-2004规定了使用者可以通过开关门窗控制的自然通风室内环境下可以接受的热舒适条件。有能够开关的可控制门窗是应用此标准的前提,未经处理的机械通风系统可以作为自然通风的辅助方式,但不可使用传统空调系统,该标准只适用于室内人员处于基本静止状态(新陈代谢效率在1.0met ~ 1.3met)的热舒适度评价。

　　热舒适度的模拟计算可以采用任何通过ASHRAE140标准认证的软件。软件的输入参数通常要包括建筑围护结构、热物理性质和各种减少太阳辐射或者增加通风效率的措施,并非所有房间都要进行热舒适度计算。在实际评估当中,只需要考察那些得热量最大或者最不利于通风的情况最恶劣的房间,如果这些处于最不利位置的房间可以满足标准要求,则室内热环境整体可视作达标。

　　5.通风效果

　　绿色建筑标准对空调通风效率的要求体现在以下三个方面:自然通

风、局部通风和新风控制。空调系统的设计通常要求满足标准规定的室内人员所需新风量。可以用室内二氧化碳浓度检验新风供给量是否充足。除要求达到规定新风量之外,还需要良好的气流组织以确保新风到达人员活动区域。自然通风可以辅助机械通风在允许的室外空气条件下实现室内最小换气稀释污染物和二氧化碳。局部通风适用于有严重污染的室内空间,如厨房、厕所、打印机房等。

新风控制着眼于提供用于维持室内二氧化碳、甲醛挥发性有机化合物等污染物浓度在设计范围内的足够新风,同时也要求采用合理的气流组织形式实现人员活动区域的有效换气。大部分新风量和送风方式标准源于美国的ASHRAE62.1,该标准不但对新风量做出了要求,更对设备除菌防霉、系统清洗和调试等方面做了详细规定,有关规定在通风指标中应全部予以满足。值得注意的是,ASHRAE62.1对于最小新风量的计算是由两部分组成的:人员新风量和单位室内面积新风量。其中人员新风量是根据美国各种类型建筑的平均人员密度推导而来的,因此在世界其他地区使用前应重新核算,不可盲目套用。

自然通风是结合了围护结构的渗透换气和通过可开启门窗的通风换气用于辅助机械通风的节能措施。自然通风可以稀释室内人员和材料散发的二氧化碳,有害气体(甲醛、氢气等)和异味,降低霉菌滋生的概率。目前,我国香港特别行政区对居住区域的自然通风换气次数要求为1.5次/小时,公共区域要求为0.5次/小时,而我国内地的绿色建筑评价标准对民用建筑的通风窗地面积比,开窗位置和气流组织分析等方面均提出了相应要求。对流通风是一种有效的自然通风方式,良好的建筑布局、窗口大小、位置和朝向是实现对流通风的必要条件。对于处于建筑群当中的自然通风分析,除考虑以上因素外,还应对室外风环境进行更加精确的模拟计算以确定对流通风的可能性。对于建筑内部较为集中的空气污染最好采取源头控制的方法,使用辅助全面通风的局部通风系统是实现污染源隔离的有效策略。在商用建筑的打印室、吸烟室,居住建筑的厕所、厨房等空间都应设置局部排风系统。临时的局部排风系统也可以应用于实施局部装修的室内空间,以防止污染物扩散到其他正常使用的区域,局部通风所需的换气次数可以参考ASHRAE62.1或各国家或地区相应标准。

6.自然采光与视觉舒适度

随着人口增长和城市建筑密度逐年增加,室内获得自然光的难度越来越高,所以自然采光和保持室内人员视觉舒适度一直是绿色建筑设计关注的一个重要领域。良好开阔的景观视野可以提高用户的满意程度、注意力和工作效率。

房间的自然采光效果由采光系数决定,采光系数定义为在室内工作平面上的一点,由直接或间接地接收来自假定和已知天空亮度分布的天空漫射光而产生的照度与同一时刻该天空半球在室外无遮挡水平面上产生的天空漫射光照度之比。采光系数的评估可以采用 Radiance 一类软件模拟计算,也可用照度计实地测试。房间的自然采光效果取决于:窗户面积和房间的大小(深度、宽度和高度尺寸)、建筑自身和周边建筑的遮挡以及玻璃的可见光透过系数和室内表面的光学性能。自然采光结合感光控制器可以有效减少人工照明的使用时间,有助于建筑节能。位于建筑密度较大区域的新建发展项目受制于场地环境,其低层房间很难达到采光要求,因此,通常只要一定比例的建筑面积达标即视整个项目满足采光指标。此外,建筑设计可以利用反光板、导光管等装置引导室外光线深入建筑内部空间。

融合自然元素的室外景观有更好的视觉吸引力和放松身心的作用,尤其对于常坐计算机前易引发视觉疲劳的工作人员。在医院或者护理中心,自然景观的放松作用还能有效缓解病人的痛苦、压抑和紧张情绪。室外景观的日间和季节变化也有助于养成健康的生活节奏和人体生物钟,提高视觉舒适度要综合室外景观、建筑朝向、窗户大小和室内布局等多方面设计因素。例如,室内布局应考虑将较高的隔板垂直于窗户放置,而较低和透明的隔板平行于窗户设置,以最大限度确保房间内部人员的景观视野,设置中庭也是较好的开拓建筑内区视野的方式。

7.人工照明

当自然采光无法满足要求时,人工照明的辅助必不可少,低质量的照明严重影响工作人员的健康和生产效率。照明设计不仅要考虑光源的性质和提供的亮度,还需要注意光源(灯具)与工作平面的相对位置和使用者的舒适度。另外,美学、安全、社会沟通和情调都是潜在的决定照明设计质量的因素。灯具的安装、清洁、更换和日常维护对照明系统的能耗、经济和环境效益有着重大的影响。

照明质量评估主要考察工作平面上光照亮度、均匀度、差异度、眩光指数和显色指数这四个方面。通过采用较高反射度的室内装修材料可以在不增加灯具亮度或数量的情况下提高工作平面上的亮度。光照均匀度由平面上最小亮度与平均亮度之比表示,主要取决于灯具排布的均匀性,而差异度定义为最大亮度与最小亮度的比值。光照过于均匀或者差异过大都会引起视觉不适。眩光是当直射或者反射光源与周围背景亮度产生强烈对比时,人眼无法适应的现象。通过选择合适的灯罩、减少每盏灯的亮度、调整与室内工作台(即观察者)的相对位置等方式都可以有效减弱眩光的不良影响。显色指数是灯具光照显现物体真实颜色的程度,通常要求显色指数达到80以上(范围在0~100,100代表理想的白炽灯光源)。计算机模拟、光通法计算和现场测量都是验证光照质量的有效方法。

8.声环境

建筑声环境包括降低噪声、提高音质和隔绝震动等方面的问题。随着城市化的发展,噪声已经成为现代化生活难以避免的副产品。一定频率和强度的室内噪声会刺激听觉神经、分散注意力甚至引起人体不适,糟糕的声学设计还会影响室内演讲、音乐等的效果。因此,建筑内部所有声音的强度和特性都应被控制在符合不同种类空间要求的范围内。

建筑内部的背景噪声有很多可能的来源,包括室外传入的交通噪声和室内设备运行的噪声等。室外噪声通常来自公路、铁路和机场,好的城市规划设计应融合各种减小室外噪声影响的措施。首先,从源头着手,采取路面减噪设计,利用非噪声敏感建筑或者设置专门的隔声屏障阻隔噪声源。其次,考虑建筑立面、窗户、阳台、空调和通风系统等的设计以进一步减弱噪声传播,即使室外噪声措施已经满足标准,额外的减噪设计也可作为室内隐私和舒适度的多重保障。

混响时间是评估空间内部声音传播质量的主要参数,定义为当室内声场稳定后停止声源的情况下,声能密度减弱60dB所需的时间长度。不同类型的使用空间如教室、住宅、办公室、会议室和其他室内运动娱乐场所对合适的混响时间有各自的要求,办公室和教室通常要求混响时间在0.6s以内;住宅、酒店和公寓在0.4s~0.6s之间;而运动场、健身房等在2.0s以内。

建筑内部运行的设备在不同工况下可能引起噪声和震动干扰。楼板和墙壁的隔声效果可在设备的减噪隔振方面起关键作用,而通风口和门窗等位置常常是隔声设计的薄弱环节。声音穿透等级(STC)表示建筑间隔(如天花板、地板、隔墙、窗户和外墙等)对空气传播噪声的绝缘效果,其数值越大意味着隔声效果越佳。例如,建筑间隔材料可根据美国试验材料学会(ASTM)标准在125~4000Hz范围内的16种频率下测量其对声压水平的减弱作用。各地区对不同类型室内空间的背景噪声都有相应的要求,可以通过模拟计算或者实地测量验证其噪声水平是否达标。通常参考声压级为A计全网络下测得的白天、夜晚或者某一时间段内的等效声级,模拟计算可以采用ODEON,INSUL等软件。

(十)管理指标

建筑的管理主要包括能耗系统管理、使用人员培训等方面的内容。其中能耗系统管理体现在对建筑设备的调试、监测和运行管理方面,使用者培训着眼于日常环境维护和建筑使用者的环保意识培养。

1.建筑设备调试、运行管理与监控

绿色建筑评估不仅要考察设计阶段的环境影响和资源利用效率,还必须监测和衡量运行期间的实际效果。事实上,有很多建筑正因为忽略了系统调试、数据的记录保存、操作手册的制订等运行期间必要的培训和管理程序,导致建筑在实际使用中未能达到绿色建筑的期望效益。建筑运行期间比较显著的指标有能耗、电网峰值负荷、室内环境条件等,因此,所有相关的机电设备都应在调试阶段做好充分的试验和分析。建筑开发商应该保证调试顺利施行并且结果满足能耗等相关标准,所有系统参数、操作说明、设备组成、设定参数和运行调试结果均应详细全名记录并且编写成运行维护手册。

CIBSE、BSRIA、ASHRAE和我国的国标相关条例都有规定运行调试的步骤,包括:曾理、调试设计、设备购买、试验、测量、数据采集和误差诊断等。有效的调试和对米来运行维护的指导作用可以保证建筑生命周期内的能耗和环境效益。调试运行的对象须包括所有的可再生能源系统、节水系统、机电设备和水利循环系统。其中,暖通空调系统作为重中之重,其调试内容应至少应包含冷水机组、冷却塔、锅炉、中央控制和自动化系统、单元式空调机组、风扇、水泵、换热器、热水器、管路和阀门、热回收储藏装置等。项目团队须聘请第三方独立机构进行调试,调试前应准备好调试计划书供项目团队审查。

运行调试过程结束后,应对未来物业管理人员进行培训并将调试数据以及有关设备使用方法制作成手册,保证运行维护人员能够正确、安全地操作维修设备(包括设备运行模式和参数的合理设定,控制策略以及设备连锁联动等)并且有效实行能耗管理措施。

楼宇设备能耗监测系统是实现高效运行管理的另一个重要方面。大量的现有建筑没有安装或者安装了不够完善的能耗使用监测装置,这是提高设备运行效率的主要障碍。好的监控系统可以辅助控制设备的部分负荷运行工况,提高运行效率和室内热环境质量。通过实时能耗数据分析,不但可以了解不同运行策略的作用,还可以发现微小的设备故障。监控测量设备要有一定精度以提供准确数据分析结果,其额外成本费用与潜在的节能效果相比并不显著。因此,建筑监控与测量具有较高的能源和经济效益,在绿色建筑应用策略中具有广阔的前景。

2.建筑使用人员培训

培养建筑使用者的环保意识和行为是决定建筑运行效率的另一个重要因素。行为意识的养成并非一朝一夕,也很难量化衡量,因此,有关评估着眼于设计阶段使用者培训机制的建立和运行期间的实施。

项目团队应提交专为使用者设计的建筑日常运行维护手册或者提示板。手册或提示板的内容应简洁易懂并且至少包括以下方面:建筑周边的公共交通和自行车设施的位置和时间表等;绿色交通方式(例如,拼车、穿梭巴士、电动车和充电桩的信息);日常清洁和维护信息(包括适用的环保清洁材料等);有关建筑使用的环保装修材料的介绍;节能措施和控制方法讲解(包括空调、照明、热水和电器选择等);节水方法介绍(例如,感应水龙头、双缸冲水坐便器等);垃圾分类回收的设施和管理条例说明(包括回收分类、回收地点等);室内空气品质信息(包括室内空气品质定期监测结果和获得的证书等)。

此外,用户使用手册或者提示板的内容应实时更新,并且指定负责讲解和沟通的工作人员。建筑维护的历史记录和照片应该完好保存,并且制定时间表对使用者进行定期的宣传讲解。

（十一）创新设计指标

创新相关指标允许参评项目凭借采用其他指标中未涉及的环保技术或者大大超过所规定的环保效益范围从而获得额外奖励分数。

采用绿色建筑标准中尚未提及的新技术，并且能够证明该项技术应用在建筑中的量化环境或者社会效益，就可以在创新指标中获得相应的加分。该项技术可以应用于建筑生命周期内的任何阶段，通常包括非传统的建筑设计、营造法式、建筑设备或者运营控制技术等。通过鼓励该项技术的采用，推广至之后参评的绿色建筑，逐渐达到该技术的市场化，提高行业整体环保效益。

如果采用其他指标中已经提及的技术，但是远超过目前标准中规定的最大环保效果（即最大得分条件），也可以获得额外创新奖励分数。例如，根据绿色建筑节能标准，如果建筑节能45%可以得到该部分满分15分，那么当苏某建筑因采用大量可再生能源技术达到节能90%时，就可以在创新指标中获得加分。通常已有指标中可以通过显著提高环保效益加分的情况会在该指标执行细则中予以详细说明。

第二节　国内外建筑标准发展及现状

自20世纪90年代第一部绿色建筑标准在英国诞生以来，世界各国致力于发展各自的绿色建筑评估系统。在建筑设计师、工程师、学者和其他环保组织团体的合作下，美国、德国、日本、澳大利亚、新加坡、中国先后出台了有各自地区特色的评估体系。总体来讲，从评估体系结构的类似性角度分析，澳大利亚、欧洲和中国香港特别行政区的标准很多都是在英国的体系基础上发展起来的，而中国内地和新加坡的标准是在美国体系基础上发展起来的。日本的体系相对独立，尤其在结构层次和计分方法上与英美体系有明显不同。因此，本章对于国内外发展现状的介绍主要围绕英国、美国、日本、中国内地和中国香港特别行政区这五个地区的绿色建筑标准展开。

一、国外主要绿色建筑标准发展及现状

本节主要围绕英国的绿色建筑评价标准BREEAM、美国的标准LEED

和日本的标准CASBEE展开介绍。首先将简单介绍每个评价系统的发展历史、现状、成果统计以及系统特色和覆盖建筑范围,接下来以各系统的新建建筑评价标准的最新版本为例予以详细分析和讲解,包括评估条文的种类、算分方法、等级制度、评估流程和与国内标准的交流互动等。

(一)英国BREEAM

BREEAM由英国建筑研究所开发,是所有绿色建筑标准的始祖,起源于20世纪90年代初,其第一个版本是1993年发行的针对办公建筑的评价标准,接下来的第二版本发行于1998年,扩大了参评建筑类型,包含办公、工业、商业和教育建筑等。其后每隔数年BREEAM都会审核并推出修订的新版本,例如,2008年的新建建筑标准、2010年的数据中心标准、2012年的住宅改造标准和2014年的新建非住宅标准等。BREEAM经过多年发展在国内和国际上享有较高声誉并且在德国、荷兰、挪威、西班牙、瑞典和澳大利亚都有其经过改编的本土化应用版本,同时也吸引了一些国家和地区参照其发展自己的绿色建筑体系,如澳大利亚的Green Star和中国香港特别行政区的BEAM。

截至2014年,全球范围内有跨越60多个国家的190万余项目参与了BREEAM评估,其中超过42.5万个建筑已经通过认证,达到优秀等级以上的项目有2500余个,在欧洲绿色建筑市场中占有率高达80%,接受培训的绿色建筑专业人才累计14000位。

BREEAM系统具有应用最广泛、第三方认证、自愿性、可信性、全面性以及以客户为中心等特点,是全球首次提出建筑生命周期碳排放概念的标准。在不断全球化和本土化的过程当中,BREEAM已经形成社区、新建非住宅、新建住宅、住宅改造和运营五个主要体系。另外,2015年相继推出了基础建设和非住宅改造。本书将以新建非住宅标准2014年版为例,对BREEAM评估系统予以详细分析讲解。

新建非住宅标准2014版的所有评分项目条文分为十大类:管理、健康和舒适、能源、交通、水、材料、废物、土地使用和生态、污染和创新。其中,创新项目作为对新技术应用的额外奖励,需由评估师根据情况申请相关分数,再通过BRE审核确认。每个种类都有不同的总分数和权重系数,权重系数由每组条文类别对建筑环境效益的潜在影响大小决定,主要通过总结相关领域专业意见的统计数据获得。

评估体系的认证等级分为：通过、好、非常好、优秀和卓越五个等级。通过等级只是比当地的建筑环境的法例规范稍微严格了一些，而最高的卓越等级代表最杰出的建筑设计，是行业的领先水平和区域的标志。为保证建筑性能不低于环境法规的基本要求，每个等级的实现都需要预先满足六个重要类别（能源、水、管理、废物、土地使用和材料）中的某些最小前提条件，将每个种类所得分数占最大可得分数的比例乘以该类别的权重系数后，再相加求和即得到最终总分数（满分为110），结果的影响至关重要。

BREEAM新建非住宅标准的评估程序包括：设计预评估（项目规划和设计纲要阶段）、设计阶段评审、暂定认证（设计）、施工阶段评审和最终认证（竣工后）。其中，暂定认证是针对设计阶段的模拟计算和提交证明材料的预认证，鼓励项目在施工前充分做好绿色建筑的设计和规划。相比之下，改建建筑和建筑运营的评估则没有中间的暂定认证，实行一次性评估。

BREEAM在全球化的发展过程中注重根据当地的自然、气候环境和人口密度等因素，通过科学完善的体系重新计算并调整评估条文种类的权重系数。自2011年李克强总理访问英国建筑研究所以来，中英之间正式开展绿色建筑标准的交流和互认工作。2014年，BRE更与清华大学签署战略合作协议，共同研究建筑环境技术和标准。如果中国的绿色建筑标识与BREEAM系统互认成功，中国当地的法规标准就可以用来实施BREEAM的本地化评估和重塑权重体系，同时BREEAM的相关研究和应用成果也可推动中国绿色建筑的发展和国际化。

（二）美国 LEED

LEED是由美国绿色建筑协会（US green building council，USGBC）研发，以市场为导向的另一个从建筑生命周期和整体性能表现出发的绿色建筑评估系统。首个版本LEEDTM1.0颁布于1998年，用于新建建筑的评估，随后的LEEDTM2.0于2000年获准执行。早期的LEED标准主要用于新建建筑的评估，在接下来的十年间LEED系统获得迅速发展和国际化，截至2010年发布的LEED 2009其体系已经相对完整。目前最新版本的LEED为2014年颁布的LEED V4。LEED V4在LEED 2009的基础上对条文项目种类和标准技术细则都有较大改动，从整体上提高了LEED评审的要求。

截至2014年，全球注册的LEED总项目不少于76507个（官方网站公布数据），已经通过验证的项目大于35328个，总面积超过1900万 m²。中国（包括大陆、香港、澳门和台湾）注册的项目数量从2004年（2个）开始逐年递增，2013年全年共有499个，累计注册项目达到1961个，其中582个已经通过认证。

LEED评估体系包含新建建筑、室内设计和施工、既有建筑的运行与管理和邻舍区域发展。其中，新建建筑已经涵盖多种情况：包括新建和重大改建建筑、核与壳建筑、学校、商业建筑、数据中心、仓储和物流中心、医院、健康护理中心、家庭和多家庭低层建筑、多家庭中层建筑。接下来同样以最新版的新建建筑标准（LEEDBD+C）为例，对LEED评估系统进一步分析讲解。

LEED新建建筑评分条例分为以下九类：选址与交通、可持续场地、用水效率、能源与大气、材料与资源、室内环境品质、创新、整体规划与设计、地区优先性。其中区域优先性是LEED独有的为适应不同区域气候条件的评分调整方法。当该建筑所在区域的某种类环境资源对绿色建筑的综合效益更加重要时，在该种类中某些条文的既得分数可以在地区优先性类别中获得额外加分。LEED与BREEAM不同，不采用复杂的权重系数对每个种类的得分加以调整，根据美国绿色建筑协会的说明，LEED系统的权重已经通过分配给各个种类的不同分数值来体现。

LEED认证等级可分为：合格级（40分～49分），银级（50分～59分），金级（60分～79分），铂金级（≥80分）。在满足参评基本要求的基础上，各个部分条文得分总和即可决定参评项目的认证等级。基本要求包括：参评建筑必须是处于现有土地上的非临时性结构；项目必须有合理的场地或者空间边界和范围；项目建筑面积必须满足最小要求。与其他绿色建筑标准不同，LEED允许以团体途径和校园途径对处于同一场地的建筑采取特殊评估方法。团体途径旨在将处于同一场地且设计类似的建筑以作为一个整体进行认证，而校园途径可使分享同一场地的建筑分别获得各自的认证。LEED倡导整体性设计和规划，强调把前期探索规划阶段、中期设计和施工阶段以及后期运行、维护和反馈阶段有效结合，将环境可持续发展概念贯穿于建筑的全部生命周期。

LEED体系中除核与壳申请流程中存在预认证之外，其他所有标准都采取一次性认证。采用LEED在线系统可以从始至终引导项目团队完成全部认证步骤,包括:初始探索阶段(收集项目信息),选择合适的LEED体系(根据建筑的设计、功能和所需施工规模),检验是否满足基本项目要求(每个参评的项目必须符合的最小要求),建立项目目标(结合项目背景资料制定目标等级),确定项目评估范畴(根据初始探索阶段收集到的资料检查场地周边相关设施,通过土地所有权和最小项目要求等规定项目边界,决定是否采取团体或者校园途径),建立分数计算表(根据确定的等级和项目实际情况讨论确定需要达标的条文和优先级别),继续发现探索(对能耗、用水量等进一步分析计算),持续迭代过程(重复以上研究分析和计算直到获得满意解决方案),分配任务明确责任(对项目团队成员分工,决定每个成员负责的条文和相关资料的收集验证),提供连续一致的证明材料(有规律地在设计和施工过程的各个阶段收集材料并确保目标达成),检验证明材料的准确性并予以正式提交(提交评审前的最后内部检查)。

根据美国绿色建筑协会2014年公布的项目排行榜,除美国本土之外,中国已经成为项目认证总数排名第二的国家。仅2013年,中国就有29个通过铂金级认证的项目和281个金级认证的项目。北京侨福芳草地的海沃氏展厅更成为全世界第一个获得LEED V4(ID+C)(最新版)金级认证的建筑。

(三)日本 CASBEE

自1994年《环境基本法》颁布以来,日本建筑界致力于减少生命周期内环境负荷的各种研究。2002年,由日本绿色建筑协会,日本可持续建筑财团和其他分机构共同设计了第一部用于办公建筑的CASBEE标准。接下来,新建建筑、既有建筑和改造建筑标准分别于2003年、2004年和2005年问世。经过多年发展,CASBEE已经形成了包括各种建筑类型的新建,既有和改造建筑,从独立住宅到城市区域发展标准的评估系统。目前CAS-BEE发展的最新成果是2010年的新建建筑标准。CASBEE是针对日本以及亚洲地区的自然气候条件和人口密度等因素制定的,曾经作为原型开发了用于2008年北京奥运会的绿色奥运建筑评价标准。

根据CASBEE官方统计,在2008年到2014年间,参与独立式住宅评估的项目有111个,其中达到S级的有92个,A级别的有16个,B+级别的有3个。

CASBEE评估体系目前包含：独立式住宅，新建建筑，既有建筑，改建建筑，热岛效应和城市区域发展六大标准系列。其中，新建建筑标准又分为临时性建筑，普通新建建筑简化版和地方政府建筑，而城市区域发展标准分为"城市区域和建筑"以及城市区域发展简化版。新建建筑标准覆盖了大部分现有建筑类型，包括各种居住和非居住类建筑。其中居住类建筑涵盖酒店、公寓(不含独立式住宅)和护理中心，非住宅建筑有办公楼、学校、商业建筑、餐厅、门厅(含礼堂、健身房、电影院等)、工业建筑等(如工程建筑、车库、仓库、计算机房)。

其中，新建建筑标准涵盖了预设计、执行设计以及施工和竣工阶段，接下来主要围绕该标准进行分析讲解。日本评估系统与英美标准的关键分别在于加之于条例种类之上的另一个结构层次。贯彻所有CASBEE标准的另一个层次是指建筑环境质量(Q)和建筑环境负荷(L)，以及由这两个参数计算而得的建筑环境效率(BEE)指标。其中建筑环境负荷在实际评估条文中以减少建筑环境负荷的效率(LR)体现。建筑环境质量主要涉及三个方面：室内环境、室内服务性能和室外场地环境。相应地，建筑环境负荷减少也由三个方面组成：能源、资源与材料和场地外环境。以上每个条文种类都有各自的权重系数，每个种类或者子类别的权重系数相加一定等于1，所有系数都是通过层次分析法(AHP)统计，以建筑设计师、开发商、运营商和相关团体为对象的调查问卷得到的。种类内每个条文项目的分数都按照1~5分成五个等级。其中，1表示相关法规的要求水准，3表示普通建筑所能达到的水准，5表示性能优秀的建筑水准。对于建筑环境质量的条文，得分越高则所提供的环境越符合可持续发展理念，而对于环境负荷，分数越高意味着环境负荷减少越明显。

2008版本之前的CASBEE认证根据建筑环境效率(BEE)的数值决定，而BEE由以下公式计算：

$$BEE = \frac{Q}{L} = \frac{25 \times (SQ - 1)}{25 \times (5 - SLR)}$$

其中，SQ表示建筑环境质量的分数总和，由每个种类的所得分数乘以权重系数再求和得到，SLR表示建筑环境负荷减少的分数总和，由与SQ相同的方法计算而得。

如果BEE<0.5，则该建筑表现差，等级为C，用一颗红星表示；如果0.5≤

BEE<1.0,则建筑表现比较差,等级为B−,用两颗红星表示;如果1.0≤BEE<1.5,则建筑LR表现好,等级为B+,用三颗红星表示;如果1.5≤BEE<3.0且Q<50,则建筑表现为非常好,等级为A,用四颗红星表示;如果BEE>3.0且Q≥50,则建筑表现优秀,等级为S,用五颗红星表示。

CASBEE 2008版本开始引入生命周期二氧化碳排放(LCCO2)的指标。生命周期二氧化碳排放指标计入建筑从施工、运行到拆除阶段的所有碳排放,与BEE指标共同构成可持续建筑的衡量标杆。2009年以来,日本政府设定了在2020年实现较1990年减排20%的目标。2010版的CASBEE新建建筑标准为实现这一目标和推进低碳减排理念,提倡提高能源使用效率,采用生态环保材料,延长建筑寿命,利用可再生能源以及采取非现场的碳补偿和购买绿色电力等方案,并且明确了LCCO2指标与1颗~5颗绿星相对应的评估体系。LCCO2值与满足节能法规标准的参考建筑碳排放量的比值与星级的对应情况如下:比值>100%为非节能建筑,授予一颗绿星;比值≤100%为达到当前节能标准的建筑,授予两颗绿星;比值≤80%相当于运行阶段节能达到30%的建筑,授予三颗绿星;比值≤60%相当于运行阶段节能50%的建筑,授予四颗绿星;比值≤30%为相当于运行阶段零能耗建筑,授予五颗绿星。

2014年,CASBEE成功认证了首个海外项目,位于天津的泰达MSD H2低碳示范建筑。整幢大楼采用了从雨水收集利用到太阳能光伏发电、热水和地源热泵系统等在内的多种低碳技术,并通过内部结构,双层幕墙、可再生能源、电器与照明系统、给排水与暖通等多方面的建筑及工程设计创造节能、舒适的建筑室内环境。该项目不仅探索了新型建筑材料和系统的可行性,还试图将低碳环保设计融入智能、新颖的建筑表现形式中,是一个极具代表性的科技示范项目。除CASBEE外,该建筑还获得了BREEE-AM、LEED和中国绿色建筑标识三星级认证。

二、国内主要绿色建筑标准发展及现状

自1992年参加巴西里约热内卢联合国环境与发展大会以来,中国政府相继颁布了若干相关纲要、导则和法规,大力推动绿色建筑的发展。2004年9月建设部启动"全国绿色建筑创新奖",标志着国内开始进入绿色建筑全面发展阶段。紧接着,2005年召开的首届国际智能与绿色建筑技

术研讨会暨技术与产品展览会(其后每年举办一次)公布了"全国绿色建筑创新奖"获奖单位,并于同年发布了《建设部关于推进节能省地型建筑发展的指导意见》。2006年住房和城乡建设部正式颁布了《绿色建筑评价标准》。同年3月,国家科技部和城乡建设部签署了"绿色建筑科技行动"合作协议,为绿色建筑产业化奠定基础。随后,住建部于2007又推出了《绿色建筑评价技术细则(试行)》和《绿色建筑标识管理办法》,进一步完善了中国特色的绿色建筑评估体系。2008年一系列推动绿色建筑评价标识和示范工程的措施展开,中国城市科学研究会节能与绿色建筑专业委员会正式成立。2009年中国政府出台《关于积极应对气候变化的决议》,并于哥本哈根气候变化会议召开前制定了到2020年国内二氧化碳排放总量比2005年下降40%~45%的中长期规划。2009年~2010年间,绿色建筑评估体系进一步完善,先后启动了《绿色工业建筑评价标准》和《绿色办公建筑评价标准》编写工作。2011年~2012年间参与绿色建筑评价标识的项目数量迅速增长,财政部发布《关于加快推动中国绿色建筑发展的实施意见》。2013年3月住建部出台《"十二五"绿色建筑和绿色生态城区发展规划》,明确了新建绿色建筑面积要求、绿色生态城区示范建设数量要求,以及既有建筑节能改造要求等。2013年6月份,《既有建筑改造绿色评价标准》编制工作正式开始。同年年底,《绿色保障性住房技术导则》试行版发布,以提高政府投资或主导的保证性住房的安全性、健康性和舒适性为目的,全面提升保障性住房的建设质量和品质。2014年,新版《绿色建筑评价标准》《绿色办公建筑评价标准》和自评估软件iCodes、《绿色工业建筑评价标准》相继出台或开始实施,从而推动国内绿色建筑产业进入新一轮高速发展阶段。

"十二五"期间,全国累计新建绿色建筑面积超过10亿m²,完成既有居住建筑供热计量及节能改造面积9.9亿m²。完成公共建筑节能改造面积4450万m²。稳步推广绿色建材,对建材工业绿色制造、钢结构和木结构建筑推广等重点任务作出部署,启动了绿色建材评价标识工作。在经济奖励政策上,对于获得绿色建筑标识二星级和三星级的建筑分别按照45元/m²和80元/m²给予补贴,而对于生态城区建设,资金补助基准为5000万元。据统计,2015年,中国内地新建建筑中取得绿色标识数量排名前三位的分别是江苏省、广东省和上海市。

　　上海市早在2005年就开始低碳城区的生态实践,先后有嘉定新城、崇明陈家镇等一批以低碳生态理念为目标的城区发展项目诞生。2014年上海市人民政府办公厅制订《上海市绿色建筑发展三年行动计划(2014-2016)》,要求新建民用建筑原则上全部按照绿色建筑标识一星级或以上标准建设。其中,超过一定面积的大型公共建筑和国家机关办公建筑需按照二星级或以上标准设计施工,并规定八个低碳发展实践区和六大重点功能区内的新建民用建筑中,达到二星级或以上标准的绿色建筑应占同期新建民用建筑总面积的50%以上。广东省、江苏省和国内其他地区也有各自相应的地方绿色建筑和财政补贴规范。

　　我国香港特别行政区作为一个高密度的现代化城市,能源与环境问题也促进了一系列地方法规的出台。为促进香港绿建环评标准的推广普及,屋宇署先后出台了多项有关条例。PNAP APP-151优化建筑设计缔造可持续建筑环境条例规定,如果新建建筑项目在向屋宇署申请图纸批核时,同时提交BEAM Plus的暂定认证结果,并且于入住许可签发日期起18个月内提交最终认证结果,则授予该项目高达10%楼宇建筑面积宽免(该部分面积仅可用于提供环保、舒适性设施和非强制性非必要机房或设备)。PNAP APP130规定:对于改造整栋旧工业大厦或其他类型建筑用建筑面积宽免作办公室的方案,如果因周边环境导致设计无法达到自然采光和通风的相关法例规定时,若能在香港绿色建筑议会授予的BEAM Plus认证中就"能源使用"和"室内环境质素"两大类别中达到40%水平,仍可考虑批准该项目施工。PNAP APP-152规定:某些建筑因长度和体积方面有特殊要求(如基建、交通、体育文化和娱乐设施等)而无法满足楼宇间距规定时,如果能够在满足BEAM Plus认证中建筑微气候条例对室外空气流通评估(AVA)(使用风洞法或CFD模拟计算)要求的基础上,再通过人行区域风速增大影响证明或缓解热岛效应措施中的任意一条,就认为该建筑符合法例规定。①

　　香港特别行政区除官方机构之外,非政府组织香港绿色建筑议会(HKGBC)也发起了倡导节能减排的HK3030运动。香港特别行政区建筑耗电量常年居高不下,占地区全部用电总量的90%以上(根据机电工程署2013年的能源统计),相当于该地区60%的二氧化碳排放。HK3030运动

---

①海晓凤.绿色建筑工程管理现状及对策分析[M].长春:东北师范大学出版社,2017.

的终极目标是在2030年之前将香港特别行政区年用电量降低到2005基准的30%。香港特别行政区人口在2030年预计达到830万,实现60%的减排目标要依靠"技术创新应用"(占48%)和"改变使用者行为模式"(占12%)双管齐下。HK3030运动包含三大战略支柱:既有建筑、新建建筑和公众环保意识。总计提出28项建议,其中的4项建议对实现该运动目标起到关键作用:加大公众教育力度,从认知转向实践;建立能耗指标公众数据平台,允许建筑之间能耗比较(平台建设已经展开,预计2018年完善所有建筑类型的数据库);加大对高能效建筑的财政补贴(尤其加大对能耗监测设备的投入);强化建筑面积宽免条件(例如根据不同BEAM Plus等级给予不同比例的宽免:授予铂金级绿色建筑15%面积宽免,金级10%,银级8%,铜级或者无级别的建筑5%)。

我国内地和香港特别行政区的绿色建筑发展迅速,成果显著,但也面临类似的问题。前住建部副部长仇保兴表示,中国绿色建筑面临一些问题,如高成本、绿色技术实施不理想、绿色物业管理脱节、少数常用绿色建筑技术由于存在缺陷并未运行。要解决这些问题,必须实现专家评审机构尽责到位、政府监管到位、社会监督到位、补贴机制到位、绿色物业运行维护服务到位等"五个到位",严把绿色建筑质量关。除加强管理外,技术革新和降低成本是解决面临问题的另一种途径。绿色建筑并不一定要堆砌使用大量尖端的新技术,某些适应地区气候、环境和人口等因素的传统建筑结构中也蕴含着低碳环保的精髓,比如黄土高原的窑洞和云南一带的竹楼。

(一)香港绿建环评标准

香港绿建环评标准的初始版本由香港绿色建议会和建筑环保评估协会在1996年推出,当时的名称为HK-BEAM。初代版本仅适用于新建和既有的办公建筑。接下来的十几年间,HK-BEAM在建筑界、学术界和环保组织的推动下迅速发展,分别于1999年、2003年、2005年、2009年和2012年经历过五次主要改动,目前的最新版本为BEAM Plus Version 1.2。2013年BEAM Plus Interiors作为针对室内设计与施工的标准正式开始运行,该标准采用了与新建和既有建筑不同的评估条文种类和简化的条文准则。未来几年之内,既有建筑的重要更新版本(考虑采用分种类评估和逐步评估代替目前的一次性评估方案)以及邻舍区域发展的评估标准还将陆续出台。

自 BEAM Plus 于 2010 年首次实施到 2015 年 1 月为止,香港绿色建筑议会已经有 30 余位注册评审专家,2400 多位绿建专才(绿色建筑评估师),超过 611 个注册项目,其中 7 个项目已经获得最终认证。已经注册的项目当中以住宅为主,有 264 个,占总数的 43%。排在第二位的是商业建筑,占项目总数的 17%。611 个注册项目中有 217 个已经获得暂定或者最终等级认证。其中未获得任何等级的项目为 58 个,占总数比例高达 27%,紧随其后的是评定为金级的项目有 56 个,占总数约 1/4。

目前 BEAM Plus 系统包括新建建筑既有建筑以及室内设计和施工三套标准。其中新建建筑标准同时适用于新建和重要改建建筑,重要改建的定义是当楼宇的主要结构或者大部分(50%)的设备系统被更改或替换的情况。新建建筑认证的有效期为 5 年,过期后如未有重要改建,则应适用于既有建筑的评估,之前未经过认证的建筑如果具备三年以上的运营记录,也可以申请参评既有建筑。既有建筑评估主要针对建筑当前的管理运营状况和性能,有效期也是 5 年。内部设计和施工的标准针对的是楼宇内部某一非住宅使用空间(设备和服务设施等特殊用途空间除外,如游泳池、冷库、车库、服务器房等)的装修和改造过程的评价,其认证有效期和前两个标准一样都是 5 年,但如果空间使用者(租客)提前结束合约,则认证即时失效。根据绿色建筑议会的最新议程,既有建筑的标准正处于修订当中,考虑采用更加灵活的评估步骤和认证方法,例如,改变一次性评估为逐步评估,将不同条文种类拆分开来认证等。关于绿色社区,即邻舍区域发展的标准也已经在编制当中。

BEAM Plus 新建建筑和既有建筑的评分条文都分为六大类:场地方面,材料方面,能源使用,水源使用,室内环境质量,创新与其他。与 BREEAM 评估系统类似,BEAM Plus 的每个条文种类(除"创新与其他"外)都有各自的权重系数用于调整所得分数。新建和既有建筑因所考察侧重点不同,而采用了不同的权重系数分配。室内设计与施工标准因其评估对象为建筑内部某一租客的装修空间,而设置了不同的条文种类,主要由绿色建筑属性、管理、材料方面、能源使用、水源使用、室内环境质量和创新七方面组成。除条文种类数量增加和内容变化外,每个种类不再有权重系数,与 LEED 体系类似,每个种类的权重由其最大可得分数决定。

新建与既有建筑的分数计算方法与BREEAM系统类似,每个种类得分的百分比乘以权重系数再相加求和就是总得分比率。总得分比率以及重要的评估种类(场地、能源使用、室内环境品质和创新四方面)的得分比率共同决定了最终的评价等级:铂金级,金级,银级,铜级,未获等级。这里的"未获等级"是指一个参评项目满足了各个评估条文种类里的所有前提条件,但没有能够达到铜级要求的情况。室内设计与施工标准采用同样的等级分配方式,但算分时只将所得分数相加。由于室内设计评估偏重不同的环境因素,所以除总分外参考的重要评估种类(材料、能源使用和室内环境质量)也不同于其他两套标准。另外,室内设计与施工标准的所有评估条文适用于全部规定的建筑类型,因此,对于任何参评建筑可获得分数都是一致的,这一点不同于新建和改建标准,前两者允许根据实际情况减少参评的条文数量。

BEAM Plus新建建筑的评估分两个阶段,允许参评建筑在设计阶段完成后施工阶段开始前获得暂定等级评估,通过设置暂定评估有利于项目团队在早期规划好将要采用的技术和施工方法,及时判断不足之处和寻求改进,以便更加有效地实现最终的目标等级认证。在每个评审阶段,项目团队都有两次根据评审委员会意见重新提交材料的机会。在收到评审结果之后,项目申请团队如果不同意专家审查结果,可以有两次申诉机会。第一次申诉将由建筑环保评估协会处理,第二次申诉由香港绿色建议会给予最终裁决。相比新建建筑,其他两套标准目前都实行一次性评估认证,但是对于既有建筑的非重大改造情况,也可以在改造完成前申请暂定评估。

香港绿建环评标准近年来发展迅速,已认证的建筑面积超过1400万平方米,其中住宅单位超过5万个,按照人均标准计算已经是世界上覆盖最广泛的标准之一。除我国香港特别行政区外,在我国内地也有多个铂金级认证项目,其中有著名的北京环球金融中心、上海恒基名人商业大厦等。北京的环球金融中心总建筑面积197766平方米,位于北京市三环中路交通枢纽区域,周边各类生活服务设施齐全,属于中央商业区核心地段。该项目采用多项绿色环保设计,分别获得了HK-BEAM和LEED的铂金级认证。上海恒基名人商业大厦位于上海市交通和基础设施同样方便的外滩,该建筑也获得了HK-BEAM的铂金级认证。

（二）中国绿色建筑评价标识

不同国家和地区的绿色建筑标准通常由非政府组织编写，采取自愿参与的实施原则。然而我国的绿色建筑评价标识系统的各套标准则由住房和城乡建设部编写，并且与其他地方建设主管部门协同开展评审工作，属于政府性组织性的行为。如前文所述，全球采用的绿色建筑评估体系可分为三类：英国的 BREEAM 及其衍生系统，美国的 LEED 及其衍生系统，以及日本相对独立的评估体系 CASBEE。我国绿色建筑体系的发展可以追溯到 2006 年，当时国内尚处于绿色建筑概念和技术的起步阶段，为便于推广普及，绿色建筑评价标准编委会选择了结构简单、清晰，便于操作的初代 LEED 体系作为框架，制定了以措施性条文为主的列表式评价系统。经过 3 年的实践，该系统不断调整评估准确性和适应性，增加对建筑的综合效益分析，于 2008 年正式开启绿色建筑评价标识的注册和评审程序。接下来的 5 年间参与评估项目不断增加，各地方政府也按照住建部的框架编写了当地的绿色建筑标准，于是一套更加完善的评估标准《绿色建筑评价标准》GB/T50378-2014 应运而生。最新的评价标准扩展了适用建筑的类型，完善了评估条文的种类，调整了重点条文的评分方法，更加适应当前的绿色建筑发展现状，并且有利于未来的系统优化和推广。

2008 年～2015 年间，全国已认证项目总计 3979 个。其中，设计标识项目 3775 项，占总数的 94.9%；运行标识项目 204 项，占总数的 5.1%。从 2008 年的 10 个项目开始，增加到 2015 年的 1441 个，但绝大部分参评项目均为设计标识，运营标识认证的项目只有 53 个，占当年总认证项目比例不足 4%。从建筑的实际环境效益着眼，未来的绿色建筑发展政策应鼓励运营标识的推广。已认证的绿色建筑多集中在经济较发达的直辖市、省会和东部沿海城市，而西北部地区虽然占了大部分国土面积，却因人烟稀少，绿色建筑的认证数量为全国最低。按照省份排名，江苏省和广东省的绿色建筑认证数量高居榜首，如果按照城市排名统计，上海市拔得头筹。

目前，我国绿色建筑标识的标准体系主要包括《绿色建筑评价标准》《绿色工业建筑评价标准》《绿色办公建筑评价标准》《绿色商店建筑评价标准》《既有建筑绿色改造评价标准》《绿色医院建筑评价标准》。大部分参评建筑都是根据《绿色建筑评价标准》进行的，分为设计标识和运行标识两种认证，设计标识在建筑工程施工图设计文件审查通过后进行，运行标识应在建筑竣工验收合格并投入使用一年后进行。最新版(2014)的标准已经适用于住宅建筑,公共建筑等各种类别的民用建筑、工业建筑或者其他类型建筑,可根据自身情况参与相应标准的评审。

绿色建筑评价标准(2014)的评分条例分为以下八大种类:节地与室外环境、节能与能源利用、节水与水资源利用、节材与材料资源利用、室内环境质量、施工管理、运营管理、提高与创新。如果仅参与设计标识评估,那么施工管理和运营管理有关的分数皆为"不参评"。除创新类别以外的其他七大建筑环境指标都有各自的权重系数用于调整所得分数。根据建筑类型的不同(公共或者居住)以及建筑参评阶段的不同(设计评价和运行评价)。

绿色建筑评价标准(除"提高与创新"外)的七类指标满分均为100分,每类指标的得分按照参评建筑该类别实际得分数值占总参评分数值的比例乘以100计算而得。接下来每类指标得分与该种类权重系数乘积求和后再附加创新类别得分数就是该评估项目的总得分,总分数分别达到50、60和80,且七类指标每类得分不少于40时,建筑评估等级分别为一星级、二星级和三星级。特别需要注意的是,虽然每类条文中的控制项没有分数,但属于满足认证等级的前提必要条件。

评价标识的申请流程包括以下七个主要步骤:申报单位提出申请和缴纳注册费;申报单位在线填写申报系统;绿色建筑评价标识管理机构开展形式审查;专业评价人员对通过形式审查的项目开展专业评价;评审专家在专业评价的基础上进行评审;绿色建筑评价标识管理机构在网上公示通过评审的项目;住房和城乡建设部公布获得标识的项目。评价绿色建筑时,应依据因地制宜的原则,结合建筑所在地域的气候、资源、自然环境、经济和文化等特点进行评估。参评建筑除应符合本标准外,还需要满足国家法律法规和相关标准,以实现经济效益、社会效益和环境效益的统一。评价方法应涵盖建筑全生命周期内的技术和经济效益分析,须合理确定建筑规模、选择技术、设备和材料。

中国绿色建筑标识不仅在内地发展迅速,近年来也开始在香港特别行政区建立分会开展项目评估。中国绿色建筑与节能(香港)委员会是经中国科协批准,民政部登记注册的中国城市科学研究会的分支机构,是研究适合我国国情的绿色建筑与建筑节能的理论技术集成系统,协助政府推动我国绿色建筑发展的学术团体。中国绿色建筑与节能(香港)委员会是属中国绿色建筑与节能专业委员会的香港特别行政区分会,于2010年5月15日在香港成立。该会遵循中国绿建委章程,主要任务是辅助绿色建筑产业化发展,积极应用中国绿色建筑评价标识,利用香港学术资源的优势开展绿色建筑的相关研究,搭建与国内外绿色建筑沟通的平台。针对香港的区域性改编标准《绿色建筑评价标准(香港版)》于2010年底正式发行。截至2012年末已经有3个项目获得三星级认证,1个项目获得二星级认证,分别是落禾沙住宅发展项目"迎海"一期,尚汇、牛头角上邨二、三期重建项目以及香港城市大学邵逸夫创意媒体中心(二星级)。

中国绿色建筑标识的评审证明材料中要求提交的成本增量计算和增量效益计算,是其他绿色建筑标准中没有涉及的指标。增量成本在这里的定义是绿色建筑在满足当前法定要求设计建造水平的基准成本之上增加的额外投入。在产生附加成本的同时,绿色建筑也会带来超越单纯经济价值的增量收益,包括比常规建筑在运营生命周期中节省的能源费用,业主及开发商可能获得的政府奖励资助,企业员工在绿色建筑内的生产力提升,企业建立的形象和品牌价值以及绿色建筑对宏观经济带来的收益。

通过比较由55个认证项目统计而得市场调研成本与申报成本,可以发现平均申报成本一般高于市场调研成本,一星级和二星级住宅建筑的差别尤其明显。市场调查的成本是根据三家以上供应商的询价平均值得到的,与申报价格的差异主要来自建设申报单位对增量成本概念理解的不统一或者特别设备的选用(如项目选用进口的高价设备,或者供应商提供的特别优惠)间。总体来讲,获得星级越高的项目其增量成本水平越高,但个别项目有一定幅度变化。增量成本较早年的调查整体下降幅度明显,表明绿色建筑设计的知识技术水平,市场供应和成本控制日益成熟。一星级建筑增量成本几乎为零,可以考虑全面强制新建建筑达到该星级标准。从技术角度分析,绿色建筑增量成本最主要来源为"节能与能源利用"的相关技术,其中可再生能源技术由于部分应用(如光伏系统、地热利用系统等)成本较高,选择普遍性较小,是未来绿色建筑发展的主要挑战之一。

参考文献

[1]陈文建,李秋媛,何培斌,等.建筑设计与构造[M].北京:北京理工大学出版社,2019.

[2]陈忠范,范圣刚,谢军.高层建筑结构设计[M].南京:东南大学出版社,2016.

[3]方正.建筑消防理论与应用[M].武汉:武汉大学出版社,2016.

[4]付国良.装配式居住建筑标准化系列化设计[M].北京:中国建筑工业出版社,2021.

[5]郭戈,黄一如.同济博士论丛 住宅工业化发展脉络研究[M].上海:同济大学出版社,2018.

[6]海晓凤.绿色建筑工程管理现状及对策分析[M].长春:东北师范大学出版社,2017.

[7]扈恩华,李松良,张蓓.建筑节能技术[M].北京:北京理工大学出版社,2018.

[8]黄兰,马惠香,蔡佳含,等.BIM应用[M].北京:北京理工大学出版社,2018.

[9]柯龙,赵睿,江旻路,等.建筑构造[M].成都:西南交通大学出版社,2019.

[10]林涛,彭朝晖.房屋建筑学[M].北京:中国建材工业出版社,2017.

[11]刘佳思.论建筑剖面设计中的空间利用[J].建筑工程技术与设计,2015(13).

[12]刘儒通.浅谈建筑节能技术措施及发展方向[J].江西建材,2021

（6）：74,76.

[13]刘勇,高景光,刘福臣,等.地基与基础工程施工技术[M].郑州:黄河水利出版社,2018.

[14]王莹,杨永强,张学旭,等.建筑火灾扑救与应急救援[M].北京:中国人民公安大学出版社,2015.

[15]魏书华,李建华,孙玉涵,等.房屋建筑学[M].天津:天津大学出版社,2018.

[16]夏志刚.住宅建筑标准化设计的通用性和特点分析[J].居舍,2021（27）：103-104.

[17]熊丹安,王芳,赵亮,等.建筑结构[M].广州:华南理工大学出版社,2017.

[18]杨军.高分辨率遥感图像的建筑物分类[J].住宅与房地产,2018（28）：194.

[19]杨文领.建筑工程绿色监理[M].杭州:浙江大学出版社,2017.

[20]于瑾佳.房屋建筑构造[M].北京:北京理工大学出版社,2018.

[21]张柏青.绿色建筑设计与评价技术应用及案例分析[M].武汉:武汉大学出版社,2018.

[22]张镲.绿色建筑评价技术与方法[J].建筑技术开发,2021,48（8）：161-162.

[23]张广媚.建筑设计基础[M].天津:天津科学技术出版社,2018.

[24]张雷,董文祥,哈小平.BIM技术原理及应用[M].济南:山东科学技术出版社,2019.

[25]张丽丽.我国绿色建筑发展现状及展望[J].城镇建设,2021（2）：49.